JN046234

SOMMAIRE

目次

錠前屋

ヨースト・アマン《錠前屋の工房》(版画、1568年)より。
奥の竿に鍵、南京錠、錠前、蝶番がかかっている。

鍵の形態学

さまざまな鍵の本があり、同じパーツであっても、異なる名称で呼ばれていることが多々ある。ここでは、ウォード錠を例に本書で用いている各パーツの名称を紹介しておく。

環（または持ち手）

つば
モールディング［突出部を装飾する輪郭部］または突起

軸（または柄）

錠前の環状のウォード
（障害物）に対応（内側）

鍵の歯
歯の部分にはさらに歯（dents）または
爪（griffes）がついているものがある

窓（十字形）

窓（二重十字形）

鍵先

空洞の軸
（両開きの鍵の場合は
空洞になっていない）

錠前の環状のウォード
に対応（外側）

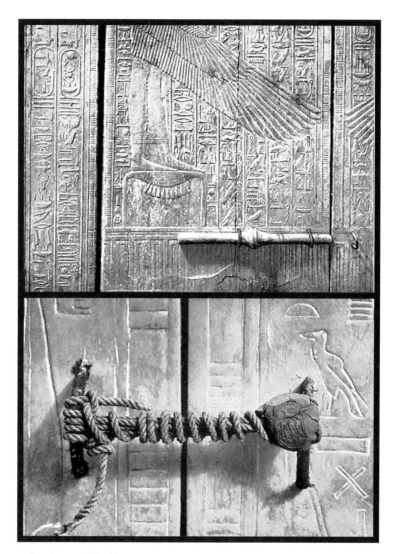

ツタンカーメン王の棺

　上の写真は、両開きの棺の蓋。黒檀製の 閂 と 鎹 ［閂を支えるために門戸の桟に取りつけた箱金物］がついている。下の写真は綱と粘土の封蝋で完全に封印されている鎹。

紀元前約2000年

今日、鍵の歴史はオリエントにはじまると推定されている。鍵またはそれと見なされるオブジェの最古の痕跡が、現在のイラクで発見されたからだ。今から3800年ほど前、バグダード近郊に最初のバビロニア王国が興る。ハンムラビ（紀元前1793～1750年）の治世は、メソポタミア文明の黄金時代。ユーフラテス川沿いに位置する首都バビロンで、鍵に関する文献（楔形文字を刻んだ粘土板）が見つかった。翻字［特定の言語で書かれた文字表記を別の文字に移し替えること］のおかげで、今日、わたしたちはその内容を知ることができる。

Naptar/stu（m）は「紐解く」を意味するpataryに由来し、「鍵の一種」を意味する。バビロン第1王朝時代から新バビロニア王国に至る時代（紀元前19世紀から6世紀）に使われていた。Naptêtuとna/eptûは「開く」を意味する動詞pêtu IIから派生し、これらも鍵の種類をあらわしている。しかし、その使用が認められるのは、バビロニア王国後期（紀元前10世紀以降の500年間）に限られている。紀元前587年、新バビロニア王国2代目国王ネブカドネザル2世（在位紀元前605～562年）によってエルサレムが陥落。神殿は破壊され、多くのユダヤの民が拉致された（バビロン捕囚）。こうして、ネブカドネザル2世は首都バビロンをオリエントの中心地とし、この上なく美しい都市にした。なかでも宮殿に建造された空中庭園は、「世界の七不思議」として有名だ。ジッグラト［最上部に神殿を置いた古代メソポタミアの階段状ピラミッド建築］の高さは90mに達し、バビロニアの信仰の中心地として栄えた。現在、栄華のなごりとして残っているのは廃墟にすぎない。砂漠の砂で覆われた廃墟はバグダードの南東160kmに位置し、水で満たされた堀に囲まれ、四角い高台が神殿の塔の面影をとどめている。

nam/nzâquという用語が生まれたのはこの時代のことだ。通常「鍵」と訳されるが、扉のボルトを動かす「レバー」を意味することもある。この用語は、バビロニア文明を通じて使われてきた。残念ながら、考古学的調査により、物体としての鍵の手がかりを得ることはできなかった。

文献より

鍵の出現とその使用方法にはじめて触れている文献は、聖書とホメロスの叙事詩『オデュッセイア』だ。旧約聖書の『士師記』には、エフドが左手でモアブの王エグロンを短剣で刺し、殺

害した様子が描かれている。紀元前1000年頃に起こったこの事件を描写した箇所には、鍵が実用的な鉄製のオブジェとして登場する。反対に、預言者イザヤは、鍵を階級と権力の象徴として語っている。教会の鍵がそれにあたり、人々は鍵を肩につけていた（p120「教会の鍵」）。聖書に次ぐ、西洋文化最古の文学作品『オデュッセイア』の詩の一節には、実用的なオブジェとして鍵が登場する。第21歌の冒頭で、ホメロスは歌う——ユリウスの貞淑な妻ペネロペイアは、夫が家の宝庫に残していった伝説の強弓を、扉の鍵を開けて盗み出すだろう。
その描写は実にすばらしい（p10「古代ギリシアの鍵」）。ホメロスは、紀元前750〜720年に『イーリアス』と『オデュッセイア』を書いた。しかし、両作品で語られる神話は、さらに昔にさかのぼることを考慮しなければならない。

実用的かつ象徴的なオブジェとしての鍵

鍵には、実用性と象徴というふたつの性質がある。おもな機能は、モノのなかにモノを閉じ込めて開けるという実用性を備えたオブジェで、秘密を保つ、あるいは秘密を暴くはたらきがある。また鍵は階級と権力の象徴でもある。鍵の象徴的な価値が最初に認められるのが、紀元前8世紀のイザヤの預言、次いで聖ペトロに授けられた天国の鍵だ。13世紀以降は、十字形に交差した2本の鍵（1本は銀、もう1本は金）が教皇とバチカン市国の紋章に描かれるようになる。こうした象徴性は、1750年頃の金箔を被せた侍従の鍵にも見出される。

古代エジプトの鍵

一般の説と異なり、鍵はファラオとピラミッドの国がルーツではない。エジプト古王国（紀元前2000年代）の時代、ナイルの谷で芸術と工芸は頂点を極めたが、不思議なことにギリシア以前のエジプト文明で鍵が使用されたことはなかった。開閉をつかさどるこの物体がさほど重視されなかった理由のひとつは、古代エジプト神話、とりわけ来世の捉え方に認められる。来世は、死者が通らなければならない扉のイメージが支配的だ。ありあまるほどの扉があり、異なる法、異なる考え方に基づく古代エジプトの死後の世界に、鍵はほとんど用をなさない。聖なる王ファラオにゆだねられた神秘的な権利により障害となる門は拒否され、王にとって天国に至る扉は開かれているか、番人の悪魔が見張っている。後者の場合、合言葉を唱えて、なかに入る権利があることを番人に示し、合言葉があっていれば、なかに入れる。『死者の書（Le Livre des Morts）』には、いくつもの合言葉が記されている。ドイツのエジプト学者ジークフリート・モレンツ[1]は、鍵に関するエッセイ『鍵を持ったアヌビス（Anubis mit dem Schlüssel）』において、こうした死後の世界への通過儀礼について説明している。死者に神秘の知があると示すことができれば、鍵の代わりに不思議な力で扉は開かれる。つまり、扉を開くのに鍵はいっさい必要なく、悪魔がみずから扉を開けて、なかに入れてくれるということだ。

差し錠と粘土の封蠟

セキュリティに関して、エジプト人は遺物や大切なものを保管する箱に差し錠を渡して封をする習慣があり、その際、錠前に閂と粘土の封蠟[2]を使用することが多かった。紀元前1600年の『ウェストカー・パピルス（Westcar Papyrus）』には、まず箱を革紐で巻いて封印する描写がある[3]。紀元前1338年頃に逝去した古代エジプト第18王朝のファラオ、若きツタンカーメンの墓を発掘したハワード・カーターは、良好な状態で保存された王爾（おうじ）を発見した。王の棺を取り巻く第2、第3、第4の棺の両開きの蓋は、それぞれ黒檀でできたふたつの閂で守られ、蓋の扉の中央にはさらに綱で縛った鎹がふたつ認められる（p6）。粘土の封蠟によって、蓋は完全に封印されていた[4]。

紀元前330～紀元後395年頃、古代ギリシア・ローマの時代になってはじめて、エジプトで使用されたラコニア錠が数多く発見された。こうした木製の錠前は、ほぼまちがいなく木製のピンで縦に固定されていたようだ。この種の鍵は紀元後100年頃の棺に描かれている（下）。そこで古代エジプトの冥界の神アヌビスが手に持っているのは、「黄泉の鍵」と呼ばれる3つの歯のある鍵。これが、冥府への扉を開くハデスの鍵だ。新約聖書『ヨハネの黙示録』第1章18節との類似は驚くほかない。この一節でキリストは、「（わたしは）まだ生きている者である。一度は死んだが、見よ、世々限りなく生きて、死と陰府（よみ）の鍵を握っている」と語る（p120「教会の鍵」）。

著者注：2003年4月、米国など連合軍のバグダード攻撃の際、イラク人の盗賊がバグダード考古学博物館（現イラク国立博物館）に押し入り、手当たり次第に略奪していった。鍵について最初に触れた粘土板については、今もまだ存在するかどうか定かではない。

鍵を手にした冥界の神アヌビス　紀元後100年頃の棺（部分）より。
ベルリン州立博物館（ドイツ）、エジプト博物館（ベルリン／ドイツ）。

巫女の墓標　紀元前2世紀、神殿の鍵、革紐、聖別用の綬。
「Ａβρυλλίξ（アヴリリス）」という女性の名前が刻んである。

古代ギリシアの鍵

紀元前1000〜200年頃

♪鍵のタイプ

発掘中に発見されたサンプルを見ると、古代ギリシアには3種類の鍵がある。

神殿の鍵：最も古いタイプの鍵で、紀元前1000年からすでに使用されていた。

鉤形の鍵：古代ギリシアのアルゴスのヘライオン神殿で発見された鍵からわかるように、紀元前5世紀に使用されていた。

ラコニア錠：紀元前5世紀以降に使用されるようになった。

♪特徴と装飾

材質：青銅。紀元前5世紀以降、鍵は青銅でつくられるようになるが、その後、錬鉄に取って代わられた。

サイズ：神殿の鍵のサイズは40〜50cmほど。鉤形の鍵は約30cm。ラコニア錠は10〜15cm。

環／持ち手：神殿の鍵は、とりわけ持ち手に装飾が施され、木や象牙で覆われていることもある。聖別の象徴として、綬で飾られている。鉤形の鍵とラコニア錠の場合は、かけられるように持ち手の先が環状またはカールしている。

つば：なし。

鍵の歯：厳密に言うと、神殿の鍵に歯にあたる部分はない。代わりに、ボルトを動かしやすいように軸の先端がいくらか広くなっていることが多い。鉤形の鍵は、軸の先端が少し曲がっており、歯の代わりにこれでボルトを動かす。ラコニア錠は、L字形に曲がり、3つまたは4つの歯がついている。

♪ 歴史

紀元前8世紀前半、叙事詩『オデュッセイア』を書いたギリシアの詩人ホメロスは、鍵の美しさと使用法についてはじめて言及した。第21歌の冒頭で、ホメロスは歌う——ユリウスの貞淑な妻ペネロペイアは、夫が家の宝庫に残していった伝説の強弓を、扉の鍵を開けて盗み出すだろう。

「妃は部屋を出て高い階段の方へ歩んでゆく、そのふくよかな手にはすでに、曲った形の鍵を握っている。青銅造りの見事な鍵で、象牙の柄が付いている[5]」。続く描写に、扉を開ける時のことが詳しく描かれている。

「世にも麗しい妃は庫に着いて、(…)革紐を扉の把手からゆるめてほどき、鍵を差し入れ、狙い定めて扉の閂を引き戻すと、美しい扉はさながら牧場で草を食む牛の吼え声にも似た音を立てた。鍵に当って扉はそれほどにも凄まじい音を立てながら、妃の前にさっと開いた[6]」。

『オデュッセイア』のこの一節には、両開き扉を開け閉めする際の一連の動きが正確に書かれている。開ける時、ペネロペイアはまず皮紐を扉の把手からゆるめてほどかなければならない。次に、見事な青銅の鍵を金属で縁取られた円形の鍵穴に差し入れる。それから、ひとつの動作で上から下へスライドさせ、ボルトをはずす(p13)。おそらく鉱物に覆われていたのだろう、ボルトに触れた鍵はきしむような音を立てる(ホメロスはこれを、牡牛の鳴き声にたとえている)。ボルトをうまく動かすために、多くの場合、軸の先端をハンマーで平たくしている[7]。扉を鍵で閉める時には、ボルトの下につないである革紐をもう一度引っぱる必要があった。扉に開けた穴には革紐が通してあり、扉の外からそれを締めればよかった。この点についても、ホメロスは第1歌で詳しい説明をしている。

「テレマコスは堅固に作られた寝所の戸を開け、寝台に腰をおろして、(…)［老女は］部屋を出

神殿の鍵をかつぐ巫女

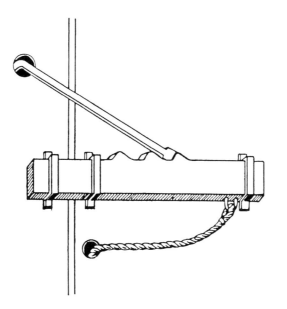

歯が3つあるボルトと革紐
ストッパーで扉の内側に固定
された木製のボルトには歯が
あり、それによって鍵はボルト
をスライドさせる（ブリンクマン、
p36）。

神殿の鍵で両開きの
ドアを開ける巫女

て、銀の把手を掴んで扉を閉め、革紐を引いて内側の閂をかけた[8]」。

紀元前2世紀の「Αβρυλλιξ（アヴリリス）」という巫女の墓標に、先の広がった神殿の鍵、革紐、巫女の綬とともに具体的に描かれている（p10）。

神殿の鍵

後世に伝えられている最古の鍵のひとつに、ギリシアの神殿の鍵がある。この鍵は、まさにホメロスの描写に合致している。神殿の鍵は司祭、とりわけ巫女の特権で、あまりに大きかったため、肩にかついで運ばなければならなかった。アッティカの墓標のとても美しいレリーフにそれが描かれている（p12）。

有名な悲劇詩人エウリピデス（紀元前480〜406年）によれば、神殿の鍵を手にすることは、司祭または巫女の務めを免除されることにほかならない[9]。この青銅製の鍵は古めかしい形をしている。軸は2回直角に曲がり、長さは40cmを超えることが珍しくない。持ち手にはふんだんに装飾が施されているが、当初は木または象牙で覆われていた。聖別の象徴として綬が結ばれている。現在までに発見されている神殿の鍵は少ない。ボストン美術館は、碑に書かれているとおり、アルカディア・ルーソイのアルテミス（ヘーメラー）神殿のものだった鍵を所蔵している。紀元前5世紀にさかのぼる青銅製のきわめて珍しいこの鍵はかなり大きく、長さは40.5cmで、持ち手の先は技巧が凝らされ、蛇の頭を模している（p15）。ほかにも、神殿の鍵はギリシア人にとって重要な宗教的聖域、アルゴスのヘライオンでも見つかっている。1892〜1895年、アメリカン・スクール・オブ・クラシック・スタディーズによって大々的に行われた発掘調査により、大量のオブジェが私たちの知るところとなった。考古学的調査を率いたチャールズ・ワルトシュタインは、著書『アルギブヘレウム（The Argive Heraeum）』（2巻）で、発掘された場所と青銅製のオブジェ、とりわけふたつの鍵について述べている。

ひとつめは長さは54cmにおよぶ神殿の鍵で、持ち手には装飾が残っている[10]。ふたつめは鉤形で、持ち手の先がカールしている。チャールズ・ワルトシュタインは、このオブジェを「フック」と呼んだが、その形態により鍵であることがわかっている。ドイツのマンヒングの要塞で見つかった鉤形のケルトの鍵との類似は驚くほどだ（p17）。これらふたつの青銅製の鍵が、紀元前423年の神殿火災の時代に先立つものであることは、ほぼまちがいないと思われる[11]。

神殿の鍵　紀元前5世紀、青銅製、長さ40.5cm。持ち手の先端に碑文が刻まれ、蛇の頭を模した装飾がなされている。ボストン美術館（アメリカ）。右下の図は、壺の装飾に用いられている司祭の絵。アルカディア・ルーソイのアルテミス（ヘーメラー）神殿から発掘。エルミタージュ美術館（サンクトペテルブルク　ロシア）。

ラコニア錠

ホメロスの時代以降、錠前の改善が進む。紀元前5世紀から鍵をかける装置が新たに登場し、セキュリティが強化された。新規の錠前に対応する鍵は、「ラコニア錠」と呼ばれている。この鍵は主として錬鉄で製造され、まっすぐな軸の頭には環があり、L字形に曲がった先に3つまたは4つの歯がついている。

喜劇詩人アリストパネス（紀元前445～386年）は、「テスモポリア祭を営む女たち」に、夫が歯が3つある秘密の鍵で物置を閉めてからというもの、こっそりおやつを食べに行くことのできなくなった女性の不幸を描いている。

「しかし、以前にはわたしたち女の掌中にあったこと、ひき割りの大麦やらオリーブ油やら葡萄酒やらを自分たちで管理し、見つかることなく勝手に持ち出すことがもはやできません。なぜなら、今ではもう夫たちが鍵の束を自分たちで隠して持ち歩いているからです。きわめて性格の悪い、ラコーニア式だとかいう、三本の歯があるやつです。以前には、それでも、扉を密かに開けることができました[12]」。

ギリシアでは考古学者により各地でラコニア錠が発掘されている（ハインリヒ・シュリーマンによるミュケナイの城砦[13]、イリオス、オリュントス、オリンピア[14]のほか、マケドニアなど）。デヴィッド・M・ロビンソンは、1941年に出版された『オリュントス遺跡（*Excavations at Olynthus parue*）』に、オリュントスで発見されたいくつかのラコニア錠について書いている。そのうちの4つの錬鉄製の鍵は完璧に保存されていた（下）。長さは10～12cmで、3つまたは4つの歯がある。デヴィッド・M・ロビンソンの数々の発見により、ラコニア錠は紀元前379年、マケドニア王によるオリュントス破壊以前に使用されていたことが明らかになった[15]。

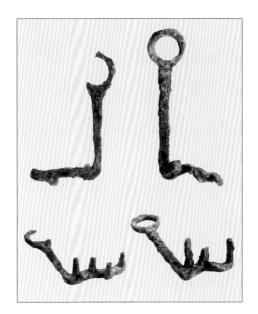

ラコニア錠

いずれも紀元前4世紀、錬鉄製。長さは10～12cm。軸の先は環状になっている。写真からわかるように、歯は3つまたは4つある。いずれもマケドニア・オリュントスで発掘、テッサロニキ考古学美術館（ギリシア）。

ケルトとローマの鍵の原型

古代ギリシアでは西洋の人々の間で物々交換が営まれていたため、ケルト人やローマ人がラコニア錠、鉤形の鍵を使用していても不思議ではない。すでに紀元前200年頃、古代ローマの喜劇作家プラウトゥス（紀元前254〜184年）は、『モステラリア（Mostellaria）』でラコニア錠について書いている[16]。また、オッピドゥム遺跡（マンヒング）でもケルト人が使っていた鍵が見つかり、ギリシアのモデルに従って製造されたと推定される（下）。

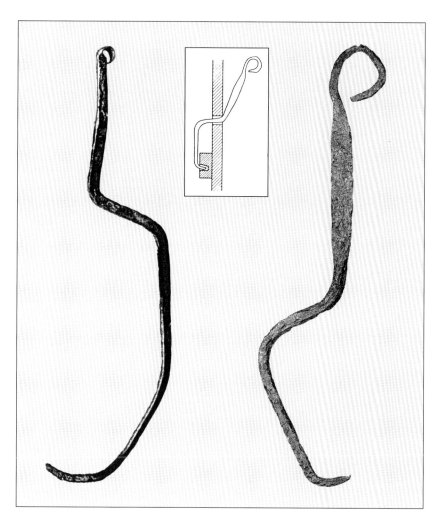

ギリシアの鉤形の鍵

紀元前5世紀、青銅製、長さ28cm。かけられるように軸の先がカールしている。アルゴスのヘライオン神殿（ギリシア）で発掘。

ケルトの鉤形の鍵

紀元前1世紀、錬鉄製、長さ20.5cm。かけられるように軸の先がカールしている。マンヒングのオッピドゥム遺跡で発掘。インゴルシュタット博物館（ドイツ）。

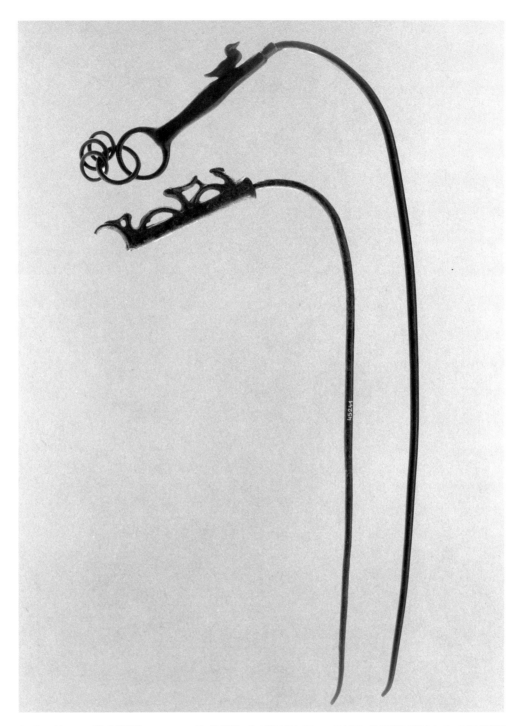

鉤形の鍵　いずれも紀元前1000〜800年、青銅製。右の鍵は長さ44cm。持ち手に鳥の装飾が施されている（後期青銅
器時代）。チューリッヒの古代集落アルペンクヴァイ（スイス）で発掘。左の鍵は長さ36cm。持ち手に様式化され
た水鳥の装飾が施されている。同じくチューリッヒのグロッサー・ハフナーで発掘。いずれもスイス国立博物館。

Clefs lacustres

Vers 1000-800 av. J.-C. (âge du bronze final)

湖上住居の鍵

紀元前1000〜800年、後期青銅器時代

♪ 鍵のタイプ

鉤形の鍵

♪ 特徴と装飾

材質：凝った青銅の遺物（槌打ち、ねじり、彫金など）。

サイズ：30 〜 50cm。

環／持ち手：通常、持ち手は重厚な青銅製で、かけられるように先がカールし、時には鎖状になっている。ねじり線が入り、忠実に描いた（または様式化された）水鳥で装飾された持ち手は非常に美しい。

つば：持ち手から突起が突き出ており、つばの役割を果たしていることがある。

鍵の歯：なし。先端がいくらか曲がった軸が鍵の歯の役割を果たす。

♪ 歴史

古代ギリシアと現スイスの各地の湖畔で、青銅器時代の鍵が考古学者により発掘されている。紀元前1000 〜 800年にさかのぼる鉤形をした道具で、当初は鍵であることがわからなかったが、1931年に出版された『最古の鍵（Die ältesten Schlüssel）』で、湖上住居の青銅器のすぐれた専門家エイミル・G・フォークトが、湖上住居の鍵と定義し、用途を明らかにした[17]。考古学的発見に基づくと、とりわけ現スイスのチューリッヒの湖に面した地域で、「湖上住居」または「杭上住居」と呼ばれる集落がかたまって発展したと想定される。なかでも杭上集落「グロッサー・ハフナー」と「クライナー・ハフナー」、湖上集落「アルペンクヴァイ」と「ハウメッサー」（現ヴォリスホーフェン地区）で多数の鍵が発見され、スイス国立博物館には後期

青銅器時代の素朴な鍵が多数保管されている。

ずばぬけた装飾芸術のセンス

この時代の入植者は、凝った青銅の芸術に飛びぬけたセンスを発揮した。槌打ち、研削、切断、ねじり、彫金、型打ち、圧延、浮き彫りなどの技巧を駆使し、金属加工の先進的技術をもっていた。専門の工房も存在していたのではないかと考えられる[18]。手の器用さだけではなく、後期青銅器時代の人類は幾何学様式の装飾に秀でていた。

独特の形をした長い鍵

青銅製の鉤形鍵は、一般に先端が環状になった持ち手、鉤の形をした長い軸(先が少し曲がっている)から構成されている。持ち手にねじり線の入ったタイプは珍しい。

持ち手が美しく装飾された鍵を2点紹介しよう。ひとつは小さなアヒルの飾りがついている。もうひとつは様式化された背中あわせの水鳥の装飾だ(p18)。こうした模様は、後期青銅器時代の文化に広く認められ、「船と水鳥のいる太陽のシンボル」と呼ばれている[19]。しかし、持ち手がないことが多く、おそらく木や骨や鹿の角などの有機物質が時とともに摩滅したと見られる。これらの鍵を使って、木製のスライド式ボルトのついた単純な錠前を開けることができた。扉の穴から鍵の先を差し入れ、次に扉の内側に取りつけられた木製のボルトを滑らせるのだ。

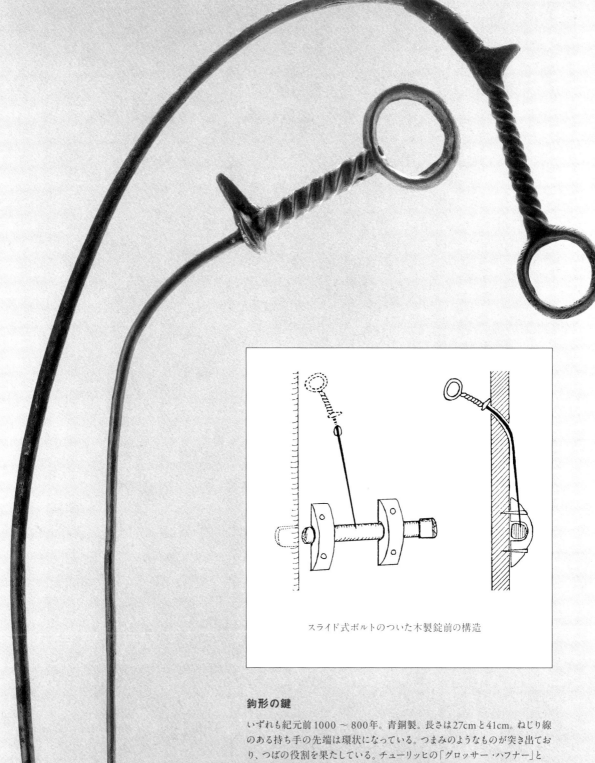

スライド式ボルトのついた木製錠前の構造

鉤形の鍵

いずれも紀元前1000〜800年。青銅製。長さは27cmと41cm。ねじり線のある持ち手の先端は環状になっている。つまみのようなものが突き出ており、つばの役割を果たしている。チューリッヒの「グロッサー・ハフナー」と「プレスハウス」で発掘。いずれもスイス国立博物館。

ケルトの鍵 紀元前1世紀、錬鉄製、実物大。軸の先は環状になっており、切り込みが入った丸いつば、曲がりくねった5つの鍵の歯がある。ドイツで発掘。個人蔵。

ケルトの鍵

紀元前8〜1世紀

♪ 鍵のタイプ

鉤形の鍵：先が2か所または3か所で曲がったふたつのバリエーションがある（p31）。

ラコニア錠：L字形に曲がり、3つまたはそれ以上の歯がある（p29）。

S字形の鍵：最大で5つの歯があるこのタイプの鍵は、おもにケルト人が使っていた（p29）。

T字形の鍵：ケルト人が使っていた鍵に特有の形で、ボルトつきの木製錠前とともに、紀元後11世紀に至るまで長く使用されていた（p33）。

ばね式の錠前に対応する対になった鍵：

この錠前には並んだ穴がふたつあり、解錠するには対になったふたつの鍵（ふたつのばねがある鍵と、四角い窓の空いた歯のある鍵）が必要だった。錠前の穴に鍵を差し入れると、ふたつのばねが開き、扉に鍵がかかる。ふたつめの鍵を錠前のもうひとつの穴に差し込むと、ばねが押さえられ、鍵が開く仕組みになっていた（p33）。

鉤形の鍵

紀元前750年頃。錬鉄製。長さ46cm。
環状になった持ち手の先はいくつものリン
グが長く連なっている。イタリアのヴェネト
州エステのベンヴェヌーティ墓地で発掘
（No.277）。イタリア国立考古学博物館（エ
ステ）。

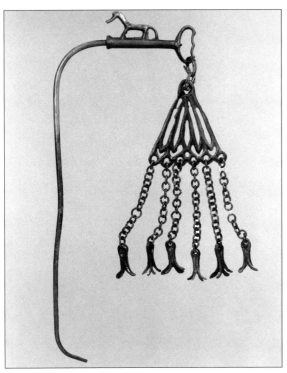

鉤形の鍵

紀元前750〜700年、青銅製、長さ38.5cm。
持ち手には小さな馬と、鎖、梨形の下げ飾
りがついている。トリキアーナ近郊モンテ・
ネンツ（イタリア）で発掘。ベッルーノ市立
美術館（イタリア）。

🗝 特徴と装飾

材質：多くは錬鉄製だが、例外的に、青銅製のものも見られる。

サイズ：ハルシュタット文化［ヨーロッパ中部の初期鉄器時代の文化］の鍵とイタリアのサンゼーノ産の鍵は、軸の長さが25〜40cmにおよぶ。この種の鍵は、後期青銅器時代のものによく似ている（p18「湖上住居の鍵」）。ラ・テーヌ文化［ハルシュタット文化の系譜を継ぐヨーロッパの鉄器時代の文化］の時代に軸は短くなり、6〜30cmの長さになった。

環／持ち手：多くの場合、持ち手はかけられるように先が環状またはカールし、時には渦巻き状になっていることもある。環状または鎖状になった鍵も残っている。

つば：環状または剞形になったつばは、ラ・テーヌ文化時代のもの。サンゼーノとマンヒングで発見された鍵では、持ち手と軸の間にある突起がつばのはたらきを担っていた。

鍵の歯：多くは鉤形で、ラコニア錠とS字形錠のようにふたつから5つの歯がある。T字形の歯はケルト人が使っていた鍵に特有のもの。

🗝 歴史

「ケルト」という名称は、ローマ人による征服以前、すなわち紀元前8世紀から1世紀の間にヨーロッパに移り住んだ部族を指す。その領土は、アイルランドからルーマニア、ピレネーからライン川流域、スイスにおよんだ。時代としては後期青銅器時代から鉄器時代に相当し、ハルシュタット文化の第一鉄器時代とラ・テーヌ文化の第二鉄器時代に分けられる。

ケルト文明

ケルト人は文字を知らなかった。したがって、もっぱら古代の作家により、ケルト文明は後世に知られようになった。古代ギリシア人はケルト人を「Keltoi」または「Galatoi」、ローマ人は「Galli」と称した。今日、「ガリア」といえば、現在のフランス全土に相当する地域に移り住んだケルト人を指す（p33「ガリアの鍵」）。中央集権的な政治的統一がかなわなかったため、ケルト人は部族ごとに独立して生活する。古代ギリシアとの交流もあった。したがって、ケルト文化にギリシアに由来する要素が認められても不思議ではない（p17）。

ケルト人の宗教観は発達していた。自然を神秘化し、死後の世界を信じていた。青銅器時代には火葬が行われていたが、ケルト人は死者を円形または楕円形の墓に土葬にすることが多かった。死者が来世へつつがなく旅立てるように、死体といっしょに副葬品を埋める習慣もあった。

精神的指導者のドルイド僧は大変尊敬され、「古代の智慧」をもつ者として、司祭、裁判官、師匠、祈祷師を同時に務めた。ケルト人によれば、「3」という数字には魔法の力があるという。こうした信仰は、3つずつ集められた神の彫像によっても明らかだ。また、6月22日の夏至、12月22日の冬至、春分、秋分などの天文学上の日付は特に重要視された。

ケルト人は何事にもひるまず、戦争を好んだ。紀元前58〜51年にケルトを征服したユリウス・カエサルは、「大変信心深く、野蛮な部族」だと評し、紀元前1世紀にシケリアのディオドロスは次のように述べている——恐ろしげな風貌をして、声音は低くしわがれている。謎めいた話をするのを好むが、敏捷な知性をもち、生来の自然さでものごとを学ぶ。

ケルト人はすぐれた職人で、青銅でも鉄でも金でも完璧に加工することができた。「オッピドゥム」と呼ばれる初期の要塞都市では多くの墓と道具が発見され、ケルト人の見事な職人的手腕と幅広い芸術センスを証明している。神に対する奉納品として埋められた金の装身具類は、この上なく美しい。

ハルシュタット時代

ハルシュタット時代（第一鉄器時代、紀元前750〜450年頃）は、ケルト文化の全盛時代にあたる。「ハルシュタット」の名は、ザルツカンマーグート（オーストリア）の町の名前に由来する。この古代の共同墓地は19世紀に実施された発掘調査で有名になった。今日、ハルシュタット（オーストリア）は先史時代ヨーロッパにおける最も重要な場所のひとつに数えられる。男性、女性、子どもが埋葬された約1300の墓と数千点にのぼる副葬品とともに、当時開発された塩の貯蔵地が見つかったが、鍵の発見はない。

今日、ハルシュタットは、観光地として人気があり、1977年、「ザルツカンマーグート地方のハルシュタットとダッハシュタインの文化的景観」はユネスコ世界遺産に登録された。南アルプスの別の地方では、考古学者によってハルシュタット時代のものとされる鍵がいくつか見つかっている。そのひとつが、北イタリアのヴェネト州エステで発見された錬鉄製のすばらしい鍵だ（p24）。この長さ46cmの鍵は、ひとりの子どもとふたりの女性のために建てられた墓（ベンヴェヌーティ277）で見つかった。女性の社会的成功を示す装身具である鍵のほか、死体のそばには各種容器、紡錘車3つが埋められていた。この発見により、墓は紀元前750〜700年のものだと推定される。上述した鍵の大きさと形は、後期青銅器時代の鉤形の鍵を思わせる（p21）。

1994年、紀元前7世紀後半にさかのぼる、長さ38.5cmの青銅製の鍵がイタリアのトリキアーナ近郊モンテ・ネンツで発掘された。実に美しくふんだんに装飾され、持ち手には小さな馬と、鎖、梨形の下げ飾りがついている（p24）。

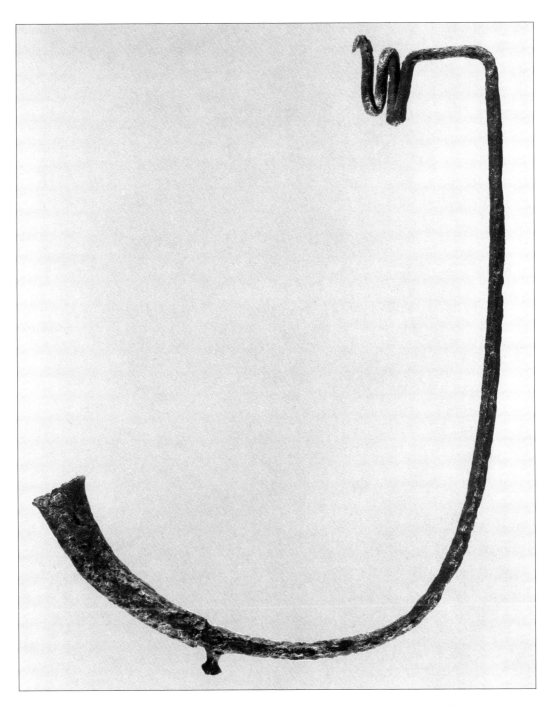

スリーブ状の持ち手がある鍵　紀元前4〜3世紀、錬鉄製、長さ39.5cm。突起（つば）、長くカーブした軸、曲がりくねった鍵の歯がある。青銅でも同様の鍵が見つかっている。サンゼーノで発掘。チロル州立博物館（インスブルック／オーストリア）。

紀元前4〜3世紀、サンゼーノの鍵

サンゼーノの発掘調査中に見つかった鍵は、大きさ、独特な形態、特徴的な歯のため、別格の扱いを受けている。現在、この鍵がサンゼーノ特有の発明なのか、それともケルトに由来するものなのかは特定できない。

サンゼーノ（ノンスベルク）の発掘地は、現コレド（イタリア）に近い標高700mの場所に位置している。1918年にイタリア領になる以前、コレドのある南チロルはオーストリアに属していた。そのため、チロル州立博物館には、サンゼーノで見つかった数多くの出土品が保管されている。

19世紀後半にサンゼーノで発掘された多くの鍵は、骨董屋や考古学者の興味をかき立てた。ケルト集落の石造りの建物があった場所で実施された発掘調査で、考古学者が発見した厚さ30cmの灰の層には大量のオブジェが含まれていた。これらの出土品のなかに約50の鍵（全体／部分）があった。おもに後期ラ・テーヌ時代（紀元前2〜1世紀）のもので、青銅または鉄でできており、その大きさは目を引く。おそらく、サンゼーノで見つかった鍵は、持ち上げてスライドさせる縦横の動きで木製の錠前を開けていたのだろう。

特殊な鍵のタイプ

ヨハン・ノートドゥルフターは『ノンスベルク・サンゼーノの鉄の発見（*Die Eisenfunde von Sanzeno im Nonsberg*）[20]』において、持ち手の形態にしたがって鍵を以下の4つのカテゴリーに分けている。

1. 持ち手がスリーブ状になった鍵
長さ35〜52cm（p27）。

2. 持ち手に透かしが入った鍵
面体の持ち手の先は環状になっており、とてもエレガントだ（p29）。長さは平均して36cmほど。これより300年前にさかのぼるエステの墓で発見された鍵と驚くほど類似している（p24）。

3. 持ち手がプレートになった鍵
サンゼーノで10本以上発見されている。六角形のプレートにあるふたつの鋲が、有機物質の持ち手の覆いを固定する役割を果たしている。長さは平均して35cmほど。

4. 重厚な鉄の持ち手の鍵
ひとつのピースでできており、歯がない。エレガントで重厚な持ち手は鉄製で、横に四角く

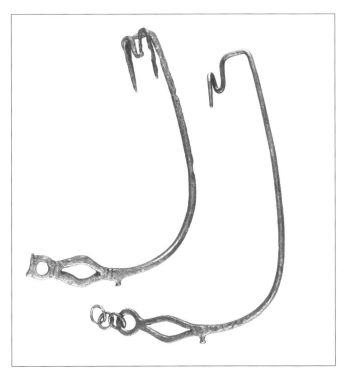

持ち手に透かしが入った鍵

いずれも紀元前4〜3世紀、錬鉄製。長さは左の鍵が34cm、右の鍵が40.7cm。どちらにも先が環状になった持ち手、突き出たこぶ（つば）、長くカーブした軸、入り組んだ鍵の歯がある。いずれもサンゼーノで発掘、チロル州立博物館。

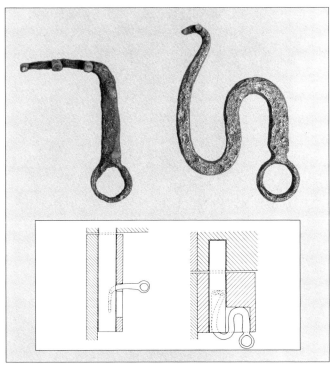

ケルトの鍵

いずれも紀元前1世紀、錬鉄製。軸の先が環状になっている。左の鍵は長さ7.8cm。ラコニア型の軸、L字形に曲がった先には3つの歯をもつ。右の鍵は長さ9.8cm。入り組んだ軸、3つの歯をもつ。いずれもオッピドゥム遺跡で発掘、先史時代博物館（ミュンヘン ドイツ）。

カットされている。長さは36cm。

サンゼーノの鍵の大半は、持ち手と軸の間に特徴的なつまみのようなものが突き出ている。おそらく、鍵が錠前を突き抜けてしまうのを防ぐためで、初期のつばの一形態だと思われる。

ラ・テーヌ時代

後期ラ・テーヌ時代(スイス・ヌーシャテルの湖畔にあった湖上集落にちなんで命名された)になって、鍵が大量に発見されるようになる。紀元前450〜58年にかけてのこの時代を「第二鉄器時代」とも呼ぶ。マンヒングのオッピドゥム遺跡、ソーヌ=エ=ロワール県ビブラクテ(フランス)、ストラドニツェ近郊フラディシュト(チェコ)、ベルン近郊エンゲハルビンゼルのケルト集落(スイス)の発掘調査を通じて明らかになったように、今日、ケルトの鍵と知られるタイプはすべてこの時代に由来する。

紀元前1世紀、マンヒングのオッピドゥム遺跡の鍵

ドイツのインゴルシュタットにあるケルトのオッピドゥム遺跡は、1955〜1967年に発見されたさまざまな鉄の出土品で名高い。各種道具と後期ラ・テーヌ時代の60本を超える鍵が含まれ、ケルト人の暮らしやすぐれた工芸技術について考える手がかりを提供してくれる[21]。
鍵だけではなく、鍵穴のある錠箱も見つかった。この箱は扉や戸棚の錠前を摩滅から保護していた。考古学者は錠前を復元することで、マンヒングでは3種類の錠前が使用されていたことを示した。錠前のタイプによって、マンヒングの鍵は以下のように分類される。

1. スライド式のボルトつき錠前に対応する鉤形の鍵
扉に空けた穴に鉤形の鍵を差し入れると、扉の内側に固定された木製のスライド式のボルトが脇に押され、解錠する。マンヒングで発見された鍵の大半は、このスライド式ボルトのついた錠前に対応する鉤形の鍵だ。31ページの鍵は、長さは25.7cmと大きい。

2. ピンで縦に固定されたボルトつき錠前に対応する鍵
このタイプの錠前は、錠箱の内側に複数のピンで縦に固定されたボルトがついている。それぞれのピンは、独立して動かせる。鍵の歯によってこれらのピンが持ち上げられると、ボルトが脇に押されて解錠する。

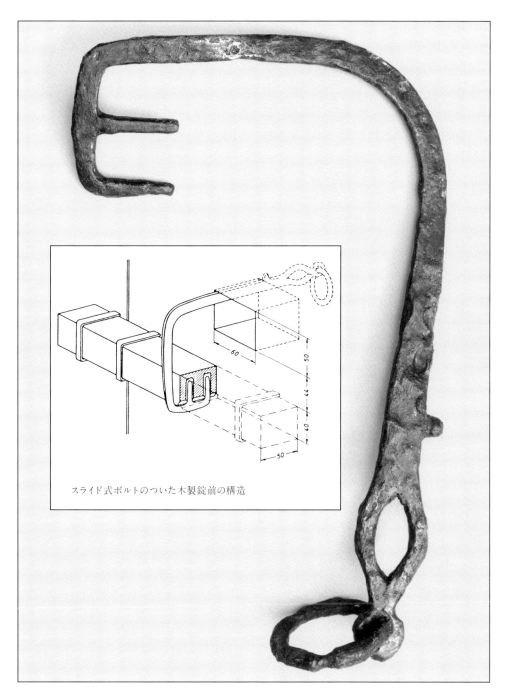

スライド式ボルトのついた木製錠前の構造

ケルトの鉤形の鍵　紀元前1世紀、錬鉄製、長さ25.7cm。環を通した持ち手、突起、2か所で曲がった軸、ふたつの歯がある。オッピドゥム遺跡で発掘。先史時代博物館。

発掘調査を通じて、ピンで縦に固定されたボルトつき錠前にはふたつの異なるタイプの鍵が対応していることがわかった。

1）L字形に曲がり、ふたつから5つの歯がある鍵（p29）。古代ギリシアのラコニア錠に相当する。

2）S字形の鍵。ふたつから5つの歯があり（p29）、もっぱらケルト人が使用していた。S字形の鍵の多くが、後期ラ・テーヌ時代の遺跡から発見されている。オッピドゥム遺跡、ソーヌ＝エ＝ロワール県ビブラクテ、ストラドニツェ近郊フラディシュト、ベルン近郊エンゲハルビンゼルのケルト集落の発掘調査の例だ。

3. ばね式の錠前に対応する鍵

23ページに記述した鍵に近い。

1991年、ドイツのケールハイム郡デュルンブーフの森の発掘調査で、後期ラ・テーヌ時代の鍵が発掘された。環を牡牛の頭で装飾した青銅製の鍵で、リング状になった牛の口は鍵をかけておくためだと考えられる。牛の目には象嵌がはめ込まれ、鍵の歯には爪が5つもある。34ページに示した希少な例は、水玉状に穴を彫って装飾している。

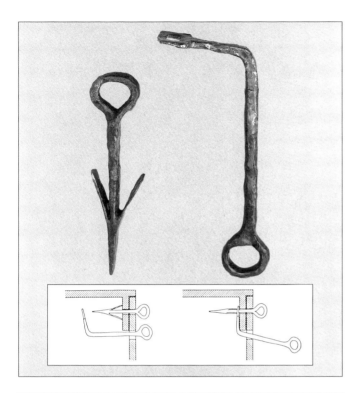

ケルトの対になった鍵

いずれも紀元前1世紀、錬鉄製。ばね
式の錠前に対応する。左の鍵は長さ
13cm。横にばねがふたつついている。
右の鍵は長さ16.5cm。歯に四角い穴が
空いている。いずれもオッピドゥム遺跡
で発掘、先史時代博物館。

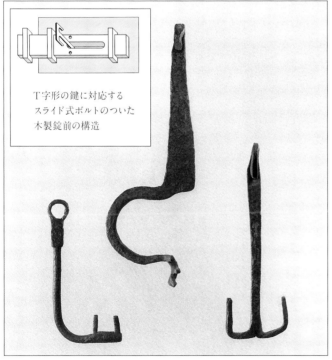

T字形の鍵に対応する
スライド式ボルトのついた
木製錠前の構造

古代ローマ時代以前のガリアの鍵

いずれも紀元前1世紀、錬鉄製。左の
鍵は長さ8.4cm。曲がった軸の先端が
環状になっている。鍵の歯がふたつあ
る。中央の鍵は長さ15.5cm。曲がった
軸の先がカールしており、鍵の歯が3つ
ある。右の鍵は長さ11.5cm。T字形の
鍵となっており、軸の先がカールしてい
る。いずれもル・セック・デ・トゥルネル博
物館（ルーアン／フランス）。

ケルトの鍵　　紀元前2～1世紀、青銅製。環と持ち手が牡牛の頭部を模している。鍵の歯には5つの爪がある。実物大。デュルンブーフの森で発掘。先史時代博物館、先史・初期歴史博物館（ミュンヘン／ドイツ）。

紀元前2～1世紀のケルトの鍵　中央上の鍵は青銅製、紀元前2世紀のもの。環、輪縁状のつば
があり、L字形に曲がり、5つの歯がある。そのほかは錬鉄製で、
形態はさまざま。ドイツとスイスで発掘。いずれも個人蔵。

ローマ時代の回転させる大きな鍵

1〜4世紀、環とつばは青銅製、空洞になった軸と鍵の歯は錬鉄製、長さ16cm。Cの字を90度回転させた形の大きな環が、柱頭状のつば（背中あわせになった渦形装飾）に載っている。保存状態はきわめて良好。個人蔵。

CLEFS ROMAINES
Vᴱ SIÈCLE AV. J.-C. – Vᴱ SIÈCLE APR. J.-C.

ローマ時代の鍵
紀元前5世紀～紀元後5世紀

鍵のタイプ

ローマ時代の鍵の基本形は、非常に長期間使用されていたことに留意する必要がある。そのため、時代を正確に特定するのは難しい。ある鍵の起源をさかのぼる確実な方法は、発掘地と、同じ場所で見つかった出土品を調べることだ。

一般に、「縦横に動かす鍵」、「回転させる鍵」、「指輪形の鍵」、「小プレート型の鍵」の4つの基本形がある。縦横に動かす鍵の場合、解錠するには、上に持ち上げて横に動かす（p52）というふたつの動きを必要とする。4つの基本形は、それぞれいくつかのサブタイプに分かれる。

縦横に動かす鍵：以下のタイプがよく認められる。

 ＊I字形。単純な形で、青銅製、鉄製、木製、骨製がある（p39）。

 ＊L字形。最もよく見られるタイプ。鍵の歯の形で、ボルトの材質（木または金属）がわかる（p40）。

 ＊障害物型。セキュリティを向上させるため、ひとつまたはふたつの障害物が直角に固定されている（p41、43）。

回転させる鍵：環が動かせるようになっているものもある（p36、42）。

指輪形の鍵：1世紀から4世紀初期、ローマ時代の指輪形の鍵（signum）は一般に青銅、時には鉄、まれに銀でつくられていた。おそらく貴金属を入れる小箱を開けるために使っていたのだろう。したがって、指輪形の鍵をもっているのはとりわけ女性が多かった。このタイプには、「縦横に動かす小さな鍵のついたもの」、「透かしの入った小プレートのついたもの」、「回転させるミニチュアの鍵のついたもの」（p46）[28]の3つのバリエーションがある。

小プレート型の鍵：幾何学模様の透かしが入った鍵はとても装飾的。通常、環は完全な円環、または90度回転させたC字形をしている（p44）。

木製の錠前に対応するT字形の鍵：ケルト人が使っていたものをローマ人が継承した。

ばね式の錠前に対応する対になった鍵：ケルト人と同様、ローマ人もばね式の錠前を使用。

♪ 特徴と装飾

材質：一般に、ローマ時代の鍵は青銅製または錬鉄製だが、混合タイプのものもある（持ち手は青銅製で、軸と鍵の歯は錬鉄製など）。木製、骨製、銀製は珍しい。

サイズ：2〜25cm。

環／持ち手：以下のタイプがよく認められる。

＊角形の持ち手に紐を通す環状の開口部またはリングのついたもの（p40、p41、p53）。

＊環はつばを伴っていることが多い。大抵の場合、環は固定されているが、なかには環が動かせるようになっているものもある（p42）。

＊つばの上に90度回転させたC字形の環が載っている（p36）。

＊持ち手が動物の頭部を模している（青銅製）。軸、鍵の歯は錬鉄製の混合タイプ。技巧を凝らした持ち手にローマ人のセンスがあらわれている。好んで用いられたモチーフは、獅子、犬、馬、牡羊、ヒョウなどの動物やブドウ酒の神バッカスの頭部（p47〜48）。

＊モールディング状の装飾のある円筒形の持ち手（p51）。

つば：つばのついた鍵は珍しい。

鍵の歯：I字形、L字形、S字形、T字形の歯がある。以下のタイプがよく認められる。

＊木製のボルトに対応する爪のある歯（p50）。

＊金属製のボルトに対応する幾何学形の歯（p40、53）。

＊歯に障害物を追加したもの（p41、43）。

＊幾何学模様の透かしの入った小プレート型の歯（p44）。

＊T字形の歯。

軸：I字形または数か所で曲がっている。空洞ではない軸が主流で、空洞の軸は珍しい。

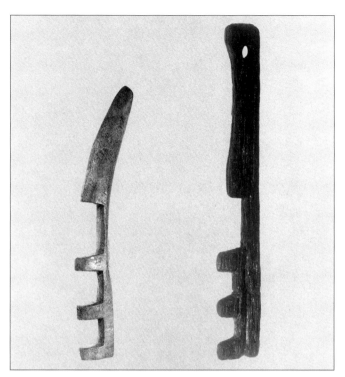

ローマ時代の縦横に動かすI字形の鍵

いずれも1世紀。左の鍵は骨製。長さ16cm。
シンプルな持ち手で歯が3つある。マルティニー
(スイス)で発掘。スイス州立歴史博物館(シオン)。
右の鍵はオーク製。長さ20cm。持ち手に穴が
空いている。鍵の歯は3つ。ウィンドニッサ(スイス)
で発掘。

ローマ時代の縦横に動かす3つの鍵の束

1〜4世紀、錬鉄製、長さ6.5〜9cm。長方形
の持ち手に丸い穴が空いており、L字形に曲
がった鍵の歯がある。ケルト人もローマ人も鍵を
束ねて使っていた。個人蔵。

ローマ時代の縦横に動かすL字形の鍵

いずれも2〜3世紀、青銅製または錬鉄製、長さ3〜8.7cm。
右下および左下は鍵に対応するボルトがある。いずれも個人蔵。

ローマ時代の縦横に動かす障害物型の大きな鍵

1〜2世紀、錬鉄製、長さ24.5cm、重さ1.47kg。長方形の持ち手の先が環状になっている。
4つの歯に加え、さらにふたつの障害物が左右にある。ル・セック・デ・トゥルネル博物館。

ローマ時代の回転させる鍵

いずれも2～3世紀、青銅製（ただし、右下の鍵は環とつばが青銅製で、軸と歯が錬鉄製）、長さ2.5～8.8cm。形はさまざま。軸の先端に穴が空いている。中央の4つの鍵は環を動かすことができる。いずれも個人蔵。

ローマ時代の縦横に動かす障害物型の大きな鍵

1〜2世紀、青銅製、実物大。90度回転させたC字形の環にリングが載っている。
3つの歯に加え、障害物がついている。個人蔵。

いずれも1～4世紀、青銅製、実物大。
リング状の環と90度回転させたC字形
の環がある。鍵の歯は幾何学模様の窓
が空いている。いずれも個人蔵。

🔑 歴史

ローマ時代になると、鍵の美しさは百花繚乱となる。指輪形のミニチュアの鍵はこの上なく繊細であり、正門や神殿の鍵の重厚な持ち手には動物の頭部が彫られ、エレガントだ。

建築と同様、金属細工はローマ人の創造性をよく示している。彼らは錠前のメカニズムを木製ボルトから金属製ボルトに転換することにはじめて成功した。ローマ帝国の時代に大きく発展した金属細工は専門化され、青銅に特化した鍛冶職人もいれば、錠前に特化した職人もいた。火と鍛冶の神ウルカヌスは、ローマの鍛冶職人たちの間で大変人気があった。

当時、使用されていた道具（鉄床、槌、やっとこ、やすり、回転砥石）は、形も機能も今日とほとんど変わらない。青銅の鍛冶場と鋳造所でとりわけ多く働いていたのは、国営でも民間でも、奴隷だった。

多様な鍵と錠前

「鍵のタイプ」で述べたように、ローマ時代の鍵はおもに4種類に分けられ、それぞれ特定の錠前に対応していた。

* 縦横に動かす鍵は最もよく見られ、ローマ人の古典的な鍵と考えられる。鍵の歯はかなり複雑で、スライド式のボルトに対応している。
* 回転させる鍵の歯の形は、通常、単純で、今日の回転型の鍵（小型の南京錠）の原型と考えられる。
* 指輪形の鍵はローマ時代に特有で、この上なく繊細な3つのバリエーションがあり、それぞれ異なる錠前に対応している[28]。
* 小プレート型の鍵は、平たいプレートに幾何学模様の透かしが入っている。

このほかに、ケルト文化から継承された「木製の錠前に対応するT字形の鍵」と「ばね式の錠前に対応する対になった鍵」のふたつのタイプがある。

指輪形の鍵

いずれも1～4世紀初期、青銅製、実物大。上段が透かしの入った小プレートつき指輪、次の段が回転させるミニチュアの鍵がついた指輪、そして下の2段が縦横に動かす小さな鍵がついた指輪。いずれも個人蔵。

ローマ時代の回転させる鍵

2世紀、実物大。牡羊の頭部を模した持ち手
は青銅製だが、空洞になった軸と鍵の歯は
錬鉄製。ル・セック・デ・トゥルネル博物館。

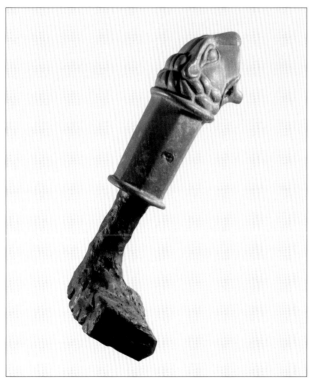

ローマ時代の縦横に動かすL字形の鍵

2〜3世紀。獅子の頭部を模した持ち手は青
銅製だが、軸とL字形の歯は錬鉄製。長さ
14.5cm。ローマ時代に広く使用されていたタ
イプ。シャム近郊の「ハイリゲンクロイツ」の家
（スイス）で発掘。

ローマ時代の神殿の縦横に動かす鍵

2世紀初期。獅子の頭部を模した持ち手は青銅製だが、軸とL字形の歯は錬鉄製。長さ19cm、重さ1.5 kg。
大変豪華な鍵。シェーンビュール神殿（アウグスト／スイス）で発掘。ローマ博物館（アウグスト／スイス）。

アルカイック期

初期ローマ時代（紀元前8世紀〜500年）は「アルカイック期」と呼ばれ、エトルリア［イタリア半島にあった都市国家］の影響を受けたローマ都市国家の誕生と、共和国成立以前に君臨していた伝説のローマ七王にはじまる。ローマは、紀元前753年にロムルスとレムスという双子の兄弟によって建国されたと言い伝えられている。紀元前753年の建国は歴史学的に実証されていないものの、紀元前6世紀のエトルリアの影響については疑いえない[22]。

現在までに、エトルリア人が鍵を使っていたかどうかは不明で、エトルリアの主要博物館の調査でも、展示品はすべてローマで発掘されていたためわからなかった。1908年に出版された『ヨーロッパ人の先史時代（*Urgeschichte des Europäers*）』[23]で、ロベルト・フォラーはイタリアのボローニャで発見されたエトルリアの青銅の鍵（下）についてイラストを交えて言及し、いくらか手がかりを提供している。ボクサーの姿が模されたその持ち手は、同じくイタリアのタルクイーニアのエトルリア文明にさかのぼるフレスコ画に描かれた人物を彷彿させる（紀元前540〜520年）。しかし、ここでもまた、ボローニャの考古学博物館で実施された調査では、その点について明らかにすることはできなかった。

共和国時代

続くローマ時代（紀元前約500〜30年）は、ローマ拡張主義の台頭を特徴とする。その戦略的目的は、地中海沿岸全域で政治的主導権を掌握することにあった。そこでは、ギリシア征服が当初の重要ステップとされ、ローマ人はヘレニズム文化を取り入れ、大きな影響を受けた。

この時代を通じて、ローマ人がギリシアのモデルに従った鍵を使っていたことは、ほぼまちがいない。紀元前200年、古代ローマの喜劇作家プラウトゥスは、「幽霊屋敷」[24]において、「願

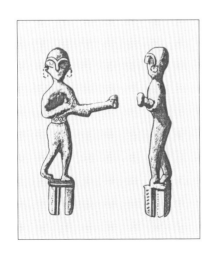

エトルリアの青銅の鍵

紀元前4〜3世紀、青銅製、長さ約8cm。持ち手はボクサーの姿が模"され、4つの歯がある。ボローニャで発掘。フォラー・コレクション。

わくば、外から家に鍵をかけることができるように、誰かがラコニア錠を持ってきてくれないものか」と書いている。つまり、家の鍵はラコニア錠で施錠されていたということだ。

逆に、貴金属類をしまっておく小箱は、古代エジプトと同様、紐でくくられ封印されていた。喜劇「アンフィトリオン」[25]で、プラウトゥスはこの技術について、次のように書いている。「扉が完全に閉まっていることを証明するため、ローマ人はもっていた印（多くの場合、指輪で、権威のしるしとして左手の中指にはめていた）を押した[26]。もともと1世紀以降に製造された指輪形の鍵に由来するこの習慣は、「signum」という語とともに今もなお残っている。

ローマ帝国時代

長く続いた内戦によってローマ共和国が疲弊していた時、ユリウス・カエサルが登場し、新たな制度を導入した。権力を掌握したカエサルは、ローマ時代第3段階の基礎を築く。こうして、ローマ帝国時代がはじまった。遺言によってカエサルの後継者として指名されたアウグストゥス（紀元前63 ～紀元後14年）の即位にはじまるこの時代は、5世紀以上続き、476年に終焉を迎える。

ローマ時代の鉤形の鍵

1世紀、錬鉄製、長さ16.5cm。指輪形。歯がふたつある。
指輪形の鍵と環でつながっており、非常に珍しい。
ドイツで発掘。個人蔵。

ローマ時代の縦横に動かす鍵　1〜2世紀、金箔を施した青銅製、実物大、重さ1kg。モールディング状の装飾のある円筒形の持ち手、短い軸、5つの歯が十字形を形成している。イタリアのテベレ川から発掘。個人蔵。

51

ローマ帝国の時代、錠前の施錠技術は大きく発展した。今日、ローマ時代のものとして知られる鍵の大半はこの時期に由来する。

紀元後117年頃、ローマ帝国は古代世界で最も強大な国として君臨し、その領土はカスピ海から現スペインの大西洋岸、ブリテン諸島の北からエジプトにまでおよんでいた。異なる国で数多くの出土品が見つかっていることも、帝国の広大さによって説明することができる。

ローマ法における鍵の役割

ローマ帝国時代、離婚する時に、鍵は今日の判決文に相当する役割を果たした。妻と別れようとする夫には、複数の選択肢があった。「立ち去れ」または「荷物をまとめろ」と命じる以外に、もうひとつの可能性として、鍵［家長の優位性の象徴］を没収することができた[27]。

縦横に動かす鍵のはたらき

このタイプの鍵の構造は、アウグストの貴重な出土品によって解明された。錆のために歯が金属製ボルトにくっついたままの鍵が発見されたのだ。下の図は、縦のピンでかろうじて留められたボルトが錠前内でどのように動くのかを示している。まず、鍵の縦のアクションで、鍵の歯がボルトに空いたいくつものユニットにはさまると、ばねで下に押されていた縦のピンが持ち上げられ解錠する。次に、鍵の横のアクションで、ボルトを錠内でスライドさせる（このタイプの鍵と対応するボルトはp53）。

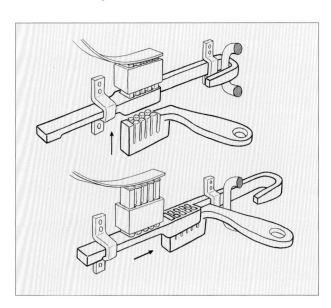

錠前の構造
縦横に動かす鍵がボルトの各ユニットにはさまって解錠される。

ローマ時代の縦横に動かす鍵と対応するボルト

1世紀。丸い穴の空いた持ち手はブロンズ製だが、軸、L字形に曲がった12の歯、ボルトは錬鉄製。ほぼ実物大。スイスのトッフェン近郊の邸宅で発掘。ベルン歴史博物館（スイス）。

L字形の鍵

120年頃。中央は城砦のL字形に曲がった大きな鍵（No.55）。ノブのついた
持ち手とつばは木製で、旋削されている。軸と歯の5つの爪は鉄製。長さは
上部11.5cm、腕19cm、鍵の歯8.2cm、爪4.5cm。イスラエルのクムラン南
の洞窟（ナハル・ヘベル古文書）で発掘。イスラエル博物館（エルサレム）。

パレスチナの鍵
1〜2世紀バル・コクバ期

🔑 鍵のタイプ

L字形の鍵：持ち上げてスライドさせる鍵の一種。

ガンマ形の鍵（回転させる鍵）：軸に歯が直接固定されている。

指輪形の鍵

🔑 歴史

ナザレのイエスの時代に、パレスチナでどのような鍵が使用されていたのかについては、1960〜1961年にイスラエルの政治家であり考古学者のイガエル・ヤディンの指揮下でイスラエルの考古学者たちが死海に沿ったユダ砂漠で大きな発見をするまでわからなかった。イスラエルのクムランの南にあるナハル・ヘベルの切り立った岩の洞窟はアクセスが難しかったが、同国最後の王子シモン・バル・コクバが書いた文書のほか、青銅製の水差し、香炉、衣類、人間の頭蓋骨の入ったかごなどのオブジェも数多く発掘された。そのなかにL字形の6つの鍵が含まれていた。

L字形の鍵

このL字形の鍵は持ち上げてスライドさせる鍵の一種で、『タルムード』の第一部「ミシュナ」にも登場する。L字形という区分は、よく似たタイプのガンマ形と区別するために設けた。

L字形の鍵は、直角に曲がった軸を特徴とし、人間の腕と同じようにふたつのパーツが「肘」でつながっている。ユダ砂漠で発見された鍵の歯には爪が5つある。6本の鍵は錬鉄製で、最も大きい鍵は、持ち手が扉のノブのようになっている。サイズの大きさから、ひとつは古代の城砦またはイスラエルのエン・ゲディにあった公共の建築物（No.55、p54）の扉の鍵で

はないかと推測される。上に記した「No.」は、イガエル・ヤディンの最終報告書「古文書の洞窟で発見されたバル・コクバ期の出土品」に記載されていたもの。バル・コクバ期の鍵と出土品のコレクションは、イスラエル博物館に展示されている。

「トセフタ（サバト4.11）」は、ユダヤ教の賢者たちタンナイームの教えの集大成でミシュナを補完しているが、ここに指輪形の鍵に関して、以下のような記述がある——「（サバトの日、）女は鍵を指にはめて人前に出てはならぬ／それでも、外出する者は贖罪の奉納をすること」。

ローマ人による占領時代のパレスチナ

イエスの時代、パレスチナ（ペリシテ人の国）はローマ帝国の属州で、「アエリア・カピトリーナ」と呼ばれていた。占領によって民に課せられた負担は重く、66〜70年、ユダヤの民ははじめて圧制者に対して蜂起したが、反乱は皇帝ティトゥスによって鎮圧され、流血の代償を払うことになった。70年にはエルサレムを占領され、ユダヤ人の宗教生活の象徴でもあった神殿が焼き払われた。132〜135年に、ユダヤ人による反乱が再び起こる。武勲に長け、「星の子（バル・コクバ）」と称された伝説の王子シモン・バル・コクバに率いられた暴動は勢力を増し、エルサレムは再びユダヤ人の手に落ちるが、長くは続かない。

ユダヤ人による反乱を決定的に終結させるため、ハドリアヌス帝は総力を挙げて、ブリタンニアの総督ユリウス・セウェルスという配下最強の将軍をトップに据える。戦いは熾烈を極め、外国人部隊はユダヤ人と直接戦闘することを避けようとした。ローマ人は、都市と村を包囲し、住民を飢えさせ、50の要塞と985の都市を破壊し、58万人にのぼるユダヤ人を殺戮した。このあたりの経緯は、2〜3世紀のカッシウス・ディオの『ローマ史』に詳しい。

古文書の洞窟

エン・ゲディの最後の生き残りは、貴重品だけをもってナハル・ヘベルから遠く離れた洞窟に逃れる。貴重品には鍵も含まれており、逃亡者はいずれ帰宅できるものと期待していたことが想像される。しかし、ローマ人はたちまち彼らの隠れ家を見つけると、駐屯部隊を洞窟の前に配置し、だれも逃げられないようにした。古文書と鍵が発掘された洞窟は逃亡者たちの墓だったのだ。

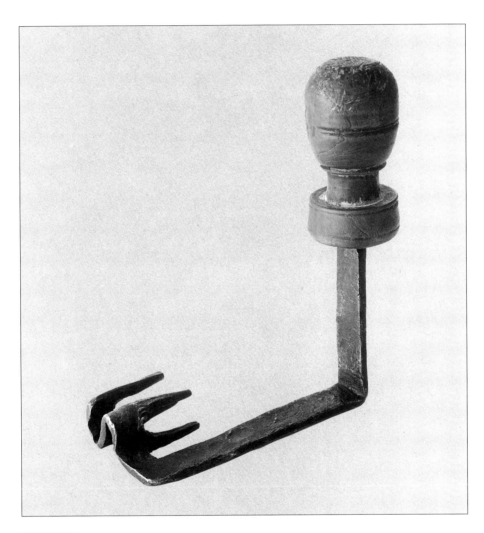

L字形の鍵

20年頃、木製、実物大。旋削され、持ち手がノブのようになっている。
軸と5つの爪は錬鉄製（No.53）。クムランの南、ナハル・ヘベルの古文書
の洞窟で発掘。イスラエル博物館。

カロリング朝の豪華な回転させる鍵

9世紀、青銅製、実物大。角灯のようにくりぬかれた環にはリングが載っている。
モールディング状の装飾のあるつば、シンプルな鍵の歯、空洞の軸、目玉の模様がある。個人蔵。

CLEFS HAUTES MÉDIÉVALES ET CAROLINGIENNES
VIᴱ – XIᴱ SIÈCLE

中世初期から
カロリング朝にかけての鍵
6〜11世紀

♪ 鍵のタイプ

回転させる鍵：最も一般に見られるタイプ。

軸の長い鍵：歯にはひとつまたは複数の爪がある。

T字形の鍵：象徴であると同時に、実用的な道具でもあった。

♪ 特徴と装飾

材質：6世紀から8世紀にかけて、鍵は錬鉄または青銅製だった。カロリング朝［メロヴィング
朝に次ぐフランク王国2番目の王朝（751 〜 987年）］／オットー朝［神聖ローマ帝国皇帝と
して君臨したドイツ王オットー1世から3世の治世（936 〜 1002年）］の時代、鍵の大半は
青銅製になる。

サイズ：6 〜 20cm。

環／持ち手：カロリング朝／オットー朝の時代、どっしりとして、装飾性の高い平たい持ち手
には透かし彫りが施されていた。角灯の形をした珍しいタイプもある。建造物
の全体または一部をかたどった環に、カロリング朝の建築の影響が見られる。

つば：つばのあるものとないものがある。

鍵の歯：歯の形は単純だが、なかには猛禽類の頭を思わせるものもある。

軸：多くの場合、軸は空洞になっている。6 〜 10世紀の鍵には、円形の目玉の模様がついて
いることが多い。錫でめっきされ、鍵の表面全体にわたって水玉のように配されている[34]。

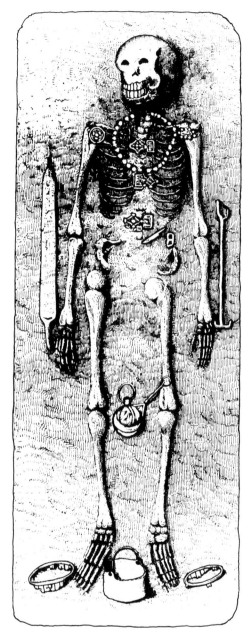

アングロ・サクソン族の女性の墓

6世紀半ば。右に長さ約20cmのT字形の鍵がある。チェッセル・ダウン（ワイト島／英国）で発掘。大英博物館（ロンドン／英国）。

T字形の鍵

7世紀、錬鉄製、実物大。くるりと巻いた環、T字形の鍵の歯がある。ドイツで発掘。個人蔵。

歴史

ローマ帝国末期からシャルルマーニュの治世までの間、鍵と錠前についてわかっていることは少ない。中世初期とカロリング朝の鍵は珍しく、錠前の詳しい機能は再現によって推測するほかない。博物館の展示品と個人のコレクションの大半は、ローマ時代のもの。6～11世紀にさかのぼる発見はきわめてまれで、6世紀と7世紀の鍵は錬鉄製か青銅製だ。その形はケルトの鍵を彷彿させることがある。発掘調査により、この時代、とりわけ「Ｔ字形の鍵」、「軸が長く、歯にひとつまたは複数の爪がついた鍵」、「回転させる鍵」の3つのタイプが使われていたことがわかっている。カロリング朝／オットー朝を通じて、錠前屋は青銅を好んだ。8～10世紀の装飾性の高い鍵は、主として青銅を鋳型に流し込んでつくられている。

中世初期の鍵だと判断するのは難しく、推測するほかない。おおまかなデータは、発見された場所、同時に出土したもの、似たような鍵の比較（環や歯の形、目玉の模様などの特徴）に基づく。

Ｔ字形の鍵

ケルト文化特有のＴ字形の鍵（p33）は注目に値する。あらゆる形態の鍵のなかで、Ｔ字形の鍵は最も長い期間（1000年以上）使用されたからだ。ハンガリーでは、ティサージュノーケシュケシュパルト墓地で10～11世紀のものと思われるＴ字形の鍵が発見されている[29]。

短い期間だったがローマ人に引き継がれたのち、Ｔ字形の鍵は中世初期に再び登場する。大きさの違いから、鍵は扉や戸棚や小箱を開けるための道具だけではなく、お守りでもあったことが想像される。

6世紀と7世紀の鍵は奉納品として用いられたため、女性の墓から見つかることが多い。英国ワイト島チェッセル・ダウンで女性の墓から発掘された、6世紀半ばのＴ字形の大きな鍵がその例だ。奉納品（アンクレット、ネックレス、銀をちりばめたバックル、剣、スプーンなど）の多くから、社会階級の高い女性だったのだろうと推測される。錬鉄製の腐食した鍵は長さ約20cmで、骸骨の左手側にあった（p60）。

全体に装飾が施された小さなＴ字形の鍵（p62）は、ドイツで女性の墓から発掘された珍しいものだ。この象徴的な鍵は錠前を開けるためにではなく、お守りとして使用された。実際、6～7世紀には、鍵の軸にふんだんに装飾を施す習慣があった[30]。

T字形の鍵

いずれも実物大。左の鍵は6世紀のもので、ふんだんに装飾された象徴的な青銅製。女性の墓で発見された。中央の鍵は7世紀のもので錬鉄製。くるりと巻いた環をもつ。右の鍵も7世紀のもので錬鉄製。動かせる環と装飾された軸をもつ。いずれもドイツで発掘、個人蔵。

カロリング朝の鍵

カロリング朝／オットー朝の時代を通じて、回転させる鍵のタイプが主流になる。青銅で鋳造され、長さは6〜13cmと比較的小型だが、大きな平たい環と彫りが目を引く。カロリング朝の環の特殊性は、その鍵が使用されていた建造物を彷彿させる点にある［建物の部分（正面、教会の後陣）または全体］[31]。建築がこの時代の鍵に影響をおよぼしていたことは実に興味深い（p64、67）。珍しいが、環が角灯の形をしていることもある（p58、66）。

環が強い印象を与えるのに対して、鍵の歯は質素だ。しかし、なかには猛禽類の頭部を模した鍵の歯のように、目につく特徴を備えたものもある（p64）[32]。対応する錠前は見つかっていない。シンプルな鍵の歯でわかるように、鍵が閉まるメカニズムはごく基本的なものだった。カロリング朝／オットー朝の時代は、とりわけ鍵全体を覆い、独特な印象を与える目玉の模様を特徴としている。

シャルルマーニュの時代

民族大移動に続く8世紀、ヨーロッパは失墜し、シャルルマーニュの治世（742〜814年）になってようやく新時代が到来し、のちの西洋史に影響を与えることになる。43年間にわたる治世中、フランク族の貴族の出身で、「豊かなひげをたくわえた」皇帝は、確固たる帝国の基礎を築いた。

シャルルマーニュの時代、教会が俗世の主権に対する反対勢力になることはなく、逆に帝国の社会構造にしっかりと組み込まれていた。キリスト教化と征服は並行して進み、行政面で教会は国に協力した。とりわけこの結びつきは、シャルルマーニュと帝国内の各地方を結ぶ王の使者によくあらわれていた。使者は常にふたりひと組で馬に乗って移動したからだ（ひとりは聖職者、もうひとりは民間人）。皇帝は教会を全面的に信頼し、聖職者は新しい文化のなかで決定的な役割を果たした。

シャルルマーニュはラテン語もギリシア語も話せず、文字さえ書けなかったが、芸術と科学を推進した。皇帝の取り巻きは教養の高い人物で、「宮廷の学校」の評判は高かった。

修道院では、写本装飾、金銀細工、象牙彫刻などの文化が開花し、初期キリスト教文化やビザンティン美術など、古代ギリシア・ローマに由来する要素を取り入れた新たな様式が創造され、カロリング朝の芸術の礎を築いた。

シャルルマーニュの治世下で、職人が青銅の鋳造を行っていたことは特筆に値する。正面の扉、祭壇の門、王座、そして鍵も青銅でつくられていた[33]。

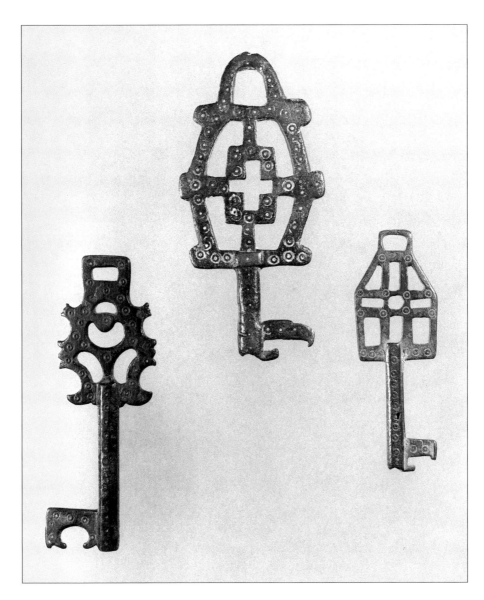

中世初期の回転させる鍵

いずれも6〜8世紀、青銅製。透かしの入った平たい環、一番上にリングがついている。
軸は空洞で、目玉の模様で装飾されている。さらに中央の鍵は猛禽類の頭部を模した鍵
の歯を、右の鍵は建物をかたどった環をもつ。いずれもル・セック・デ・トゥルネル博物館。

中世初期の回転させる鍵

いずれも6〜9世紀、青銅製、実物大。
透かしの入った平たい環。なかに階段状
の窓のある環をもち、七宝をはめたメロ
ヴィング朝の装身具を思わせる。いずれも
ル・セック・デ・トゥルネル博物館。

65

オットー朝の時代

シャルルマーニュの死後、帝国は分裂する。続く時代、支配者の統治期間は短く、もはや文化の発展は望めなかった。オットー1世の治世（936 〜 973年）に再び統一されたことで、芸術と科学が繁栄を取り戻す。「オットー朝ルネサンス」と呼ばれるこの新しい文化の影響は、すぐれたカロリング朝の建築に認められる。

カロリング朝の鍵　9世紀、青銅製、実物大。角灯のように
くりぬかれた環にはリングが載っている。
空洞の軸にいくらか装飾が施されている。
ル・セック・デ・トゥルネル博物館。

カロリング朝の鍵

いずれも8～10世紀、青銅製。透かしの入った平たい鍵、空洞の軸。左の鍵には円形の環がある。中央の鍵は建物の形をした環をもち、上にノブのようなものが突き出ている。右の鍵は長さ8.8～11cm。目玉の模様で覆われている。いずれもル・セック・デ・トゥルネル博物館。

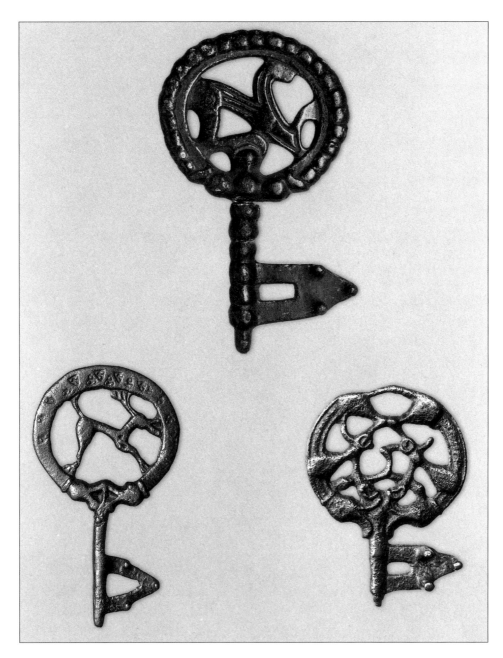

ヴァイキングの鍵

いずれも実物大。上の鍵は9〜10世紀のもので青銅製。動物を模した円形の環。環の外側が円形に縁どられ、軸にも装飾が施されている。穴の空いた三角形の鍵の歯に、爪が3つついている。大英博物館。下のふたつの鍵は10世紀のもので青銅製。左下の鍵には動物を模した円形の環、右下の鍵には絡みあう2匹の動物を模した環がある。どちらもデンマーク国立博物館。

ヴァイキングの鍵
8世紀末〜11世紀

鍵のタイプ
回転させる鍵

特徴と装飾
材質：青銅。

サイズ：4.5 〜 9cm。

環／持ち手：大きくて、透かし彫りが施されている。双頭の竜のモチーフが繰り返し用いられ、環
　　　　　の周囲を縁どっている。小動物や擬人化された生きものが絡みあった装飾がある。

つば：比較的珍しい。

鍵の歯：三角形の鍵の歯に、爪が3つついていることが多い。

軸：一般に、空洞の軸は珍しい。

歴史
ヴァイキングの生まれ故郷はスカンジナビア。その領土は今日のデンマーク、ノルウェー、ス
ウェーデン、フィンランドに広がる。8世紀末、この勇敢な船乗りたちは船で世界中を侵略し
てまわった。ヴァイキングとは元来「海賊」を意味し、300年近く、その略奪はヨーロッパに
とって大きな脅威だった。1050年頃にキリスト教化が進み、火刑などの異教的風習が廃止
されたことで、ヴァイキングの時代は終焉を迎える。

ヴァイキングは勇敢な戦士であると同時に、造船技術と航海術に長けていた。ルーン文字を
書いたが、解読するのは難しい。この特殊なアルファベットは16文字しかなく、表現を増や
すためにヴァイキングは色をコード化し、文字は赤、背景は茶、青、黒に決まっていた。ルー

ヴァイキングの鍵

いずれも10世紀、青銅製、実物大。
左上の鍵は、絡みあう4匹の小動物で
飾られた環をもつ。右上の鍵は空洞の
軸をもち、馬の蹄鉄を模した環の先が
動物の頭部になっている。下の鍵には
組みあわせ模様で装飾した楕円形の
環がある。いずれもデンマーク国立博
物館。

ン語の達人がメッセージを刻んだ石は、「ルーン石碑」と呼ばれている。

絡みあう竜

ルーン石碑の装飾は、特に興味深い。というのも、様式化された絡みあう双頭の竜が、鍵の環にも用いられているからだ。

スカンジナビア全域で多くの鍵が発掘されており、すべて青銅製だ。なかでも環は常に大きく、ヴァイキングの鍵の美しさが見事にあらわれている。環には、動物、竜、擬人化された生きものなどの装飾や組みあわせ模様、透かし彫りが施されており、複雑なつくりだが、鍵の歯は単純な形だ。環の装飾には竜以外に、大きな目と耳をした小動物が絡みあうモチーフが繰り返し用いられている。この想像上の生きものは、特に金の下げ飾りとして好まれた。よく見ると、この動物は鍵の環でも使用されている（p68右下、p70左上）。

お守りとしての鍵

ヴァイキングにとって鍵は、実用的な道具であり、お守りでもあった。鍵には身を守るペンダントや幸運を呼ぶお守りとしての機能があり、ドイツのシュレースヴィヒ近郊ハイタブで行われた発掘調査で、ヴァイキングは鍵を革紐で結んで、身につけていたことがわかった[33]。

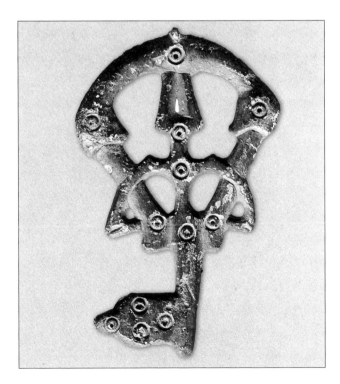

ヴァイキングの鍵

9〜10世紀、青銅製、実物大。擬人化された環と目玉の模様。スウェーデン国立歴史博物館（ストックホルム）。

ロマネスク様式の鍵

いずれも12世紀、青銅製、実物大。
上の鍵は折りたたみ模様を施した
円形の環につまみがついている。軸
は空洞。下の鍵には王冠をかたどっ
た環があり、軸は空洞になっていない。
左の鍵は透かしの入った環と空洞の
軸、右の鍵はリングがついた円形の環
と空洞の軸をもつ。いずれもヴヴェイ
歴史博物館（スイス）。

CLEFS ROMANES
XIᵉ – DÉBUT DU XIIIᵉ SIÈCLE

ロマネスク様式の鍵
11〜13世紀初期

♪ 鍵のタイプ
回転させる鍵

♪ 特徴と装飾
今日、ロマネスク様式の鍵は希少で、対応する錠前はほとんど見つかっていない。錠前は簡素で、装飾もほとんどなかった可能性が高い。それは、フランスのピュイ=ド=ドーム県クレルモンフェランにあるポール・ノートルダム大聖堂の柱頭にあらわれている[36]。ロマネスク様式の鍵の装飾はほとんど変わっていない。いくつかの鍵は、十字形の線条または同心円で飾られている。王冠の形をした環もある（p72、p77）。

英国におけるロマネスク時代のはじめは、その頃に主流だったノルマン様式に相当する。11世紀と12世紀のノルマン様式の鍵は青銅製で、透かしの入ったアーモンド形の大きな環がついていた。これらの鍵は、別のグループとして分類される。

材質：青銅製。家具に錬鉄が使われるようになった12世紀後半以降は、鍵も鉄でつくられるようになる。

サイズ：ロマネスク時代初期の青銅製の鍵は長さ4〜12cmと比較的小型だったが、その後、錬鉄製になってから長くなり、なかには30cmに達するものもある。

環／持ち手：通常、鍵の環は青銅製で、円形または楕円形。一部の鍵では折りたたむこともできる。軸が空洞になっていない錬鉄製の鍵は、環が単純な幾何学形（円形、五角形、六角形、三角形、または菱形）であるのに対し、軸が空洞の鍵の場合、環はアーモンド形または円形（p79）。

つば：ロマネスク時代、いわゆる「つば」は認められず、環は軸に直接固定されている。

鍵の歯：ロマネスク様式初期の鍵の歯（青銅製）は小さくてシンプルなのに対し、後期の鍵
　　　の歯（錬鉄製）はもっと大きい。錠前のウォードに対応する部分の形は、幾何学形、
　　　四角形、円形、十字形、T字形など。軸が空洞の鍵の歯は単純な形で、この時代
　　　の特徴として、半円形の開口部になっているものが多い（p79）。

軸：ロマネスク様式の鍵の軸は「空洞あり」、「空洞なし」、「先の分かれた」3つのタイプに分
　　かれる。鉄のシートを巻いた形状で、接合部がない。軸が空洞になっていない鍵は、先
　　が尖っており、軸の先が鍵の歯から大きくはみ出しているのが特徴だ。

歴史

11世紀から13世紀の最初の10年間に相当する時代は「ロマネスク時代」と呼ばれ、国と芸
術様式によって異なる。ロマネスク様式の鍵については、青銅製または錬鉄製の鍵の貴重
な発見と、宗教芸術でたびたび描かれている聖ペトロの天国への鍵によって明らかになって
いる。ロマネスク様式の特徴として、単純化された鍵が挙げられる。装飾的で、透かし彫り
のある環は姿を消し、多くの場合、丸い環になっている。そのほか、ロマネスク様式の鍵に
はふたつの特徴が認められる。軸が空洞になっていない鍵の場合は、軸の先が尖っていて
鍵の歯から大きくはみ出していること、そしてつばがないことだ。

11世紀末から12世紀にかけて、新しいタイプの鍵が登場する。鉄のシートを円筒状に巻い
てつくった、軸が空洞の鍵で、銅製の接合部がなく（p79）、円形またはアーモンド形の環を
もち、鍵の歯の形もシンプルだ。

このタイプの鍵は、中世初期に広く使用されていた[37]。かつて城砦が建っていた場所の発掘
調査で見つかった鍵がその証拠で、18世紀になるまで錠前師たちは好んでこの製造技術を
用いた。

ロマネスク様式の芸術と建築

紀元後1000年、ロマネスクの時代がはじまり、たちまち大きく花開く。その頃のヨーロッパ
は一種の宗教熱にかかっていた。教会と権力者、聖職者と貴族は国家建設のために進んで
手を結び、ふんだんに装飾を施したドームと重厚な大聖堂を数多く建設する。フランスのク
リュニー修道院とシトー修道院にはじまる宗教改革が普及し、西洋のキリスト教世界を征服
していくにつれ、絵画、彫刻、建築などの芸術に影響がおよんだ。

窓、門、ヴォールト（穹窿）に用いられた半円形のアーチは、ロマネスク様式の建築に特有
のものだ。鍵の環もこの形態にインスピレーションを得たと思われ、円が多用されている。
丸みを帯びた環が人気だったが、これは先行する時代にも、続くゴシックの時代にも見られ
ないタイプだ。

ロマネスク様式の鍵

12世紀、錬鉄製、実物大。五角形の環で、鍵の歯が閉じている。
軸は空洞ではなく、先が大きな鍵の歯からはみ出している。個人蔵。

ロマネスク様式の彫刻には、特に興味をかき立てられる。柱頭、教会の正面扉中央の柱、ティンパヌム［開口部のアーチと横木に囲まれた半円形の小壁］のある入り口は、聖書の場面を描いた彫刻でふんだんに装飾されている。当時の信者は文字が読めなかったことを忘れてはならない。彫刻は、旧約聖書でも新約聖書でも物語を人々に広める役割を担っていた。啓蒙効果を狙ったリアリズムとともに、こうした表象はとりわけロマネスク時代の鍵や錠前を彷彿させる。

「教会の鍵」の章（p120）に、ロマネスク様式の鍵の特徴をよくあらわしている例がある。イタリアのトルチェッロ島のドームに描かれたモザイク画で、ロマネスク様式の鍵（つばのない円形の環、幾何学模様の大きな鍵の歯……）を3つ手にした聖ペトロの珍しい姿が見られる（p124）。

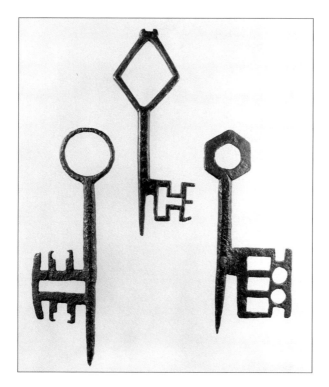

ロマネスク様式の鍵

いずれも11 〜 12世紀、錬鉄製、長さ13.5 〜 15.5cm。軸は空洞ではなく、先が大きな鍵の歯からはみ出している。左の鍵は円形の環、中央の鍵は菱形の環と軸に目玉の模様、右の鍵は六角形の環をもつ。いずれもル・セック・デ・トゥルネル博物館 。

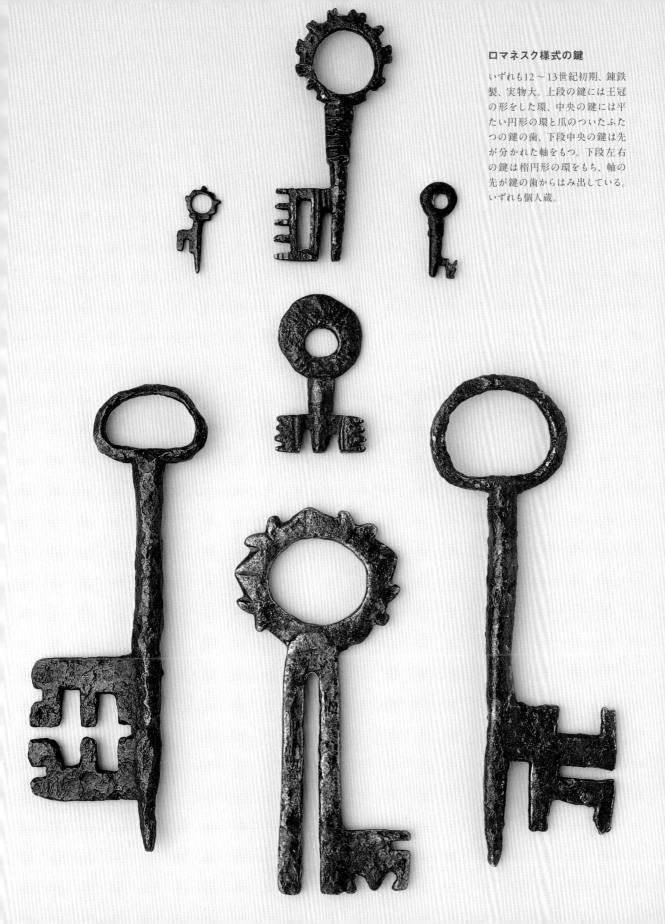

**ロマネスク時代後期の
扉の鍵**

いずれも12世紀末、錬鉄製、
実物大。円形と三角形の環、
幾何学模様の大きな鍵の歯、
空洞になっていない軸。対応
する木製の錠前は金属製の
ウォードを備えている。いずれ
も個人蔵。

鍵の鉛直断面図

ABCDで構成される四角形で
チューブをつくり、鍵の歯Pが
下にくるようにする。軸の上部
Tは自動的に鍵の歯Pの上にく
る。軸の上部Tを平たくして、
円形または楕円形になるように
カーブさせる。先端のSの部分
を熱して、チューブの上の開口
部にくっつける。

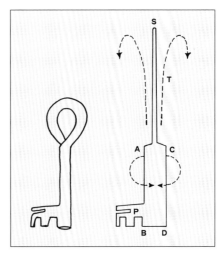

軸が空洞になった鍵

いずれも12世紀末、錬鉄製、
長さ4.3〜12cm。アーモンド形
の環、開口部のあるシンプルな
平たい鍵の歯、空洞の軸（金属
を円筒状に丸めてつくり、接合部
がない)。このタイプの鍵は、中
世初期に多く見られた。いずれ
も個人蔵。

ゴシック様式の鍵

14〜15世紀、錬鉄製、実物大。菱形の環、
シンプルな鍵の歯、空洞になっていない軸。
もとの赤い色の痕跡が残っている。個人蔵。

CLEFS GOTHIQUES
MILIEU DU XIIE – DÉBUT DU XVIE SIÈCLE

ゴシック様式の鍵
12世紀中期〜16世紀初期

♪ 鍵のタイプ

回転させる鍵

押し棒式の鍵：15世紀末、押し棒式の鍵が再登場。南京錠を開けるのに用いられた（p87）。

♪ 特徴と装飾

材質：ゴシック初期の鍵は基本的に青銅製で、比較的小さい。軸と環に見られる特徴的な
　　　装飾に、十字形の切り込み（線条）と円形のデザインがある。12世紀末頃、青銅に代
　　　わって錬鉄が用いられるようになる。通常、錬鉄製の鍵は青銅製の鍵より大きい。ゴ
　　　シック時代には、貴金属を細く象嵌した鍵も見られる（p91、93）。

サイズ：ゴシック初期の青銅製は3 〜 12cm。錬鉄製は3 〜 50cm以上（p97）。

環／持ち手：ゴシック初期、環の基本形は円形、十字形、三つ葉形、四つ葉形、菱形、3
　　　本の枝だった。そのほか、珍しいタイプに二重の渦巻き形がある。その後、つ
　　　まみに使用されることの多かった菱形が古典的な環の形態になる。中世にお
　　　いて、菱形は悪霊から身を守る象徴で、この信仰はスイスのバーゼル大聖堂
　　　の屋根瓦などにも認められる（カラフルに着色し、菱形に配置されている）。その
　　　後、90度回転させたC字形やハート形の環が登場し、16 〜 20世紀に多用さ
　　　れる。建築のバラ形飾りに着想を得た、複数の円をデザインした環が登場し、
　　　15 〜 16世紀に流行した（p90 〜 93）。

ゴシック初期の鍵

いずれも12世紀末～13世紀、青銅製、長さ4.5～9cm。円形、菱形、四つ葉形の環がある。空洞になっていない軸（中央上、先が尖っている）と空洞の軸に分かれ、そのうちの2本には線条の切り込みが入っている。左上の鍵にはL字形に曲がった鍵の歯がある。中央下の鍵にはL字形に曲がった鍵の歯があり、環とつばがノブ状の突起で飾られている。いずれも個人蔵。

つば：ロマネスク時代に存在しなかったが、ゴシック初期に再び登場する。当初は細いモールディング状だったが、その後、目を引く大きさになった。装飾のひとつとして形を強調する一方で、鍵が錠前を突き抜けてしまわないようにする実用的な役割も果たしている。

鍵の歯：ゴシック初期の鍵の歯には、従来のロマネスク様式の影響が残り、平たいシンプルな形に幾何学模様の透かしが入っている。L字形の珍しいタイプも見られる（p82）。また、レーキのように1列または2列の歯が並んでいることもある。14〜15世紀、鍵の歯の形はさらに洗練される。十字形または長方形の窓があるもの、何列もの歯が平行して並んでいるもの（「レーキ形」と呼ばれる）など（p90〜93）。

軸：ゴシック様式の鍵の軸は空洞の場合と空洞になっていない場合がある。また、先がふたつまたは3つに分かれた珍しいタイプも認められる。ゴシック時代末期、軸の断面は複雑な形を呈している（三つ葉、四つ葉、ハート、三角形）。なお、15世紀以降、金属のシートを丸めてつくる空洞の軸はロウづけされた。

🗝 歴史

12世紀後半、フランスの、特にイル＝ド＝フランス地方で新しいスタイルが開花する。このゴシック様式は、徐々にヨーロッパ全域に広まり、ロマネスク様式に取って代わる。400年間、芸術と建築はその影響下で豊かになった。イタリアでは、1420年頃にルネサンスが隆盛し、ゴシック様式を駆逐するが、他の国では16世紀初期までゴシックの時代が続く。

天を目指して跳躍するゴシック美術は、徐々に民間の建物や実用的な道具に影響をおよぼすようになる。新しい形態が金銀細工、時計や家具の製造、錠前に新たな息吹を吹き込み、尖頭アーチ、三つ葉、四つ葉、複数の円、花などの形が装飾の主流を占めた。その影響は錠前や金具の製作にもおよび、ゴシック建築の形態は鍵、錠前、飾り座金、ノッカー、蝶番、金具にも認められる。15世紀末の貴重な錠前には、ミニチュアの大聖堂や祭壇を模したものがある（p94）。15世紀以降、ゴシック大聖堂のバラ窓の影響は鍵の環にもおよび、バラ形装飾が施された鍵も認められる。

今日、ゴシック様式の鍵と錠前は、収集家の垂涎の的だ。1930年代に川底をさらった際には、多数の鍵が発見された。現在では、アマチュアの考古学者が、史跡で金属探知機を使い、しらみつぶしに探してまわるケースが多い（時には鍵が見つかることもある）。

建築術の革命

パリのサン＝ドニ大聖堂（1137年に着工、シュジェール修道院長により改築）はゴシック建築の出発点だと見なされる。大きなステンドグラスとレイヨナン式礼拝堂の周歩廊のある後陣のおかげで、聖堂内は明るい。このようにして、ロマネスク建築の重厚なスタイル（なかは暗い）

初期ゴシック様式の鍵

いずれも13世紀、錬鉄製、長さ5.2 〜 12cm。シンプルな
鍵の歯。上段と中段の鍵には二重の渦巻きが並んだ環が
ある。いずれも個人蔵。

初期ゴシック様式の鍵

いずれも12 〜 13世紀、青銅製、長さ8.3 〜 10.3cm。開口部のない大きな鍵の歯がある。左の鍵は菱形の環をもち、軸は空洞ではない。中央の鍵は四つ葉形の環をもち、空洞でない軸は先が突き出ている。右の鍵は円形の環、切り込みを入れたつば、空洞になった軸をもつ。いずれもル・セック・デ・トゥルネル博物館。

が、高い円柱と天から降り注ぐ光を特徴とする建築術に転換され、新しいスタイルが誕生した。シュジェール修道院長は神のなかに「地上の調和と輝きを映し出す霊的な光」を見出し、この確信に基づいてサン＝ドニ大聖堂を構想したという。神聖なる光が内陣を満たすイメージだ。当時の偉大な施工者は(多くの場合、不明)、このコンセプトに魅了された。色とりどりのガラスがはまったステンドグラスに外から差し込む光線が反映し、聖堂内に夢のような光があふれた。

大聖堂の誕生

続く数十年間、イル＝ド＝フランス地方に3つの大聖堂が相次いで建設される。1150年のノワイヨン、1160年のラン、1163年のパリ(ノートル＝ダム大聖堂)だ。13世紀のはじめには、伝統的ゴシック建築に分類される3つのカテドラルが誕生する。いずれもステンドグラスと中央の身廊の美しさを特徴とし、常により高みを目指し、ヴォールトがそびえ立つ。シャルトル大聖堂(工事期間1194〜1220年)は37m、ランス大聖堂(1212年着工)は38m、アミアン大聖堂(1220年着工)は43mの高さを誇る。これらの建造物はすべて垂直のラインが基本で、ロマネスク様式の半円形のアーチは尖頭アーチに取って代わられた。

ゴシック様式影響下のヨーロッパ

ゴシック初期、すでに新しいスタイルが英国で確立していた。カンタベリー大聖堂の火災後、フランス人の建築家ギョーム・ド・サンスが内陣の再建を手がけ、1174年に工事がはじまる。英国で徐々に新しいスタイルが発展し、「華飾式」(1280年)および「垂直式」(1350年)と呼ばれた。1220〜1258年に建設されたソールズベリー大聖堂は、13世紀イングランドのゴシック建築のなかでも最高に美しい。1330年に完成した尖塔の高さは123mに達し、英国の聖堂で最も高い。その先端は天空を貫かんばかりの針の先にも比された。

ドイツでは、12世紀末までロマネスク様式が支配的だったが、ゴシック様式が主流になるにつれ、大聖堂が建設された。ケルン大聖堂が最初で(1248年着工、19世紀に完成)、フランスを直接のモデルとする大聖堂のなかでは最大級だ。スイスでは12世紀にゴシック芸術が花開く。スペインでは、13世紀にムデハル様式[ムーア人の影響を受けた11〜16世紀のスペインのキリスト教建築]と組みあわさったゴシック様式が発達する。

ゴシック様式の大建造物は、すべて普遍的キリスト教信仰の象徴で、その中心には神が位置している。民衆、当局、貴族に支持されたこのような発想から、西洋の美しいカテドラルの数々が生まれる。

門の鍵

14〜15世紀、錬鉄製、長さ28cm。菱形の環、角形のつば、開口部のある大きな鍵の歯、空洞の軸がある。個人蔵。

ゴシック様式の鍵

いずれも14〜15世紀、錬鉄製。左の鍵は長さ21.6cm、右の鍵は長さ13cm。ふたつとも逆さにしたハート形の環、円形のつば、開口部のある鍵の歯、空洞の軸をもつ。いずれも個人蔵。

ゴシック時代の押し棒式の南京錠と鍵

いずれも15世紀、錬鉄製。左の鍵は長さ7cm。押し棒式で円形の環をもつ。中央の鍵は長さ7cm。押し棒式で、右の南京錠（長さ5cm）と対応する。このタイプのセットは、ゴシック時代を通じてよく見られた。いずれも個人蔵。

ギルドと同業者組合の出現

13 〜 14世紀に、影響力の大きい職人の同業者組合が形成されると、厳格な規則が制定されるようになる。1260年、ルイ9世によるパリのプレヴォ職[裁判権の代行、徴税、有事に徴兵などを執り行う]の改革に際して、厳しい規則はパリ執政官エティエンヌ・ボアローの手にゆだねられた。ボアローは「職業の書」を制定し、その第18章にはパリの錠前職人の同業者組合の規約が含まれた[38]。

1543年、フランソワ1世（在位1515 〜 1547年）が公開書簡で錠前職人の規約を是認する。この規約集は厳密で、第6条では鍵を偽造した職人に対する体刑について定めている。最悪の場合は絞首刑も認められ、絞首台には「泥棒」と張り紙がされた。

同業者組合の影響はドイツにもおよぶ。16世紀前半にさかのぼるドイツの文書を見ると、冶金業は未加工の金属を扱う鍛冶屋と錠前屋のふたつの部門に分かれている。なかでもバンベルクの法律文書（1329年）の規定によると、ペースト、ロウ、粘土などで型を取って鍵を複製した者は全員、罰金を払わなければならなかった[39]。同様に、レーゲンスブルクのギルドの規約（1393年）には、錠前のセキュリティ（特に、鍵の歯、錠前の警備について）を保証する詳細な指示が書かれている[40]。

p88：ゴシック様式の鍵

いずれも14 〜 16世紀、錬鉄製、長さ3.8 〜 9.5cm。空洞でない軸と先の分かれた軸がある。上段の鍵には珍しい放射状の環があり、2段目の左の鍵は線条の切り込みで飾られている。4段目の左の鍵では菱形の環にリングが載っている。いずれもスイス各地の城から出土。いずれも個人蔵。

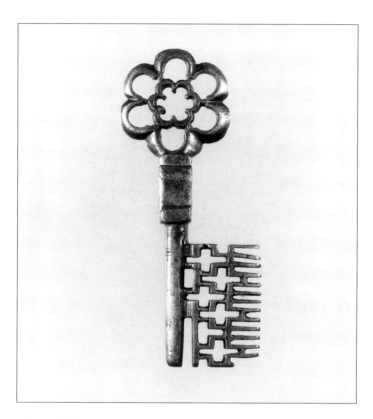

ゴシック様式の鍵

15世紀、錬鉄製、実物大。複数の円をデザインした環。
つばと軸には切り込みが入っている。ル・セック・デ・トゥル
ネル博物館。

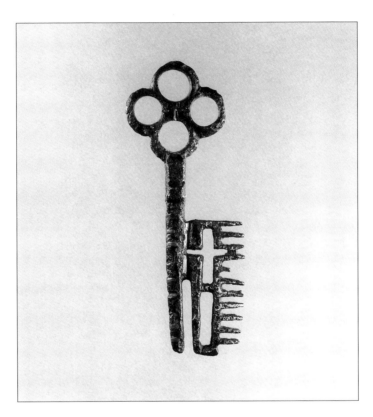

ゴシック様式の鍵

15世紀、錬鉄製、実物大。四つ葉形の環。つばと
軸には金と銀が象嵌されている。個人蔵。

ゴシック様式の鍵

15世紀、錬鉄製、実物大。四つ葉形の環がある。個人蔵。

ゴシック様式の鍵

15世紀、錬鉄製、実物大。四つ葉形の環と、金と銀を
象嵌したつばがある。ル・セック・デ・トゥルネル博物館。

かけ金つきチェストのためのゴシック様式の錠前

15世紀末。キリストと12人の弟子が施されている。
クリュニー美術館(パリ/フランス)。

94

ゴシック様式の門の鍵

15世紀、錬鉄製、長さ31cm。
格子になった菱形の環、角形
のつば、開口部のある大きな
鍵の歯、空洞ではない軸があ
る。ハンス・シェル・コレクション
（グラーツ／オーストリア）。

ドーヴァー城の鍵

ドーヴァー城は英国で最も古く、最も重要な城砦のひとつに数えられる。13世紀、修道士マシュー・パリスはこの城を「イングランドへの鍵」と呼んだ。14〜15世紀の鍵がふたつ現存している。これらのすばらしい鍵は錬鉄製で、サイズも大きい。

1.「城代の門」の鍵

伝説によると、第1の鍵は「城代の門」と呼ばれる城砦正面の門の鍵で、長さ46cm。3葉の環を備えているが、これには意味があり、円はそれぞれ城砦を守る3つの城壁を象徴しているという。当時、ドーヴァー城のすべての鍵には同様の環があったそうだ。鍵の歯も大変興味深い。鍵の歯の溝は門衛にとって記憶を助ける手段だったという。溝を見れば行くべき通路と守るべき通路が思い出されたというが、そのためには鍵を持っている必要があった。

2. 聖メアリー教会の鍵

伝説によると、第2の鍵は城壁内にある聖メアリー教会（10世紀末または11世紀初期に建設）のものだという。鍵の歯の十字形の窓は、当然、鍵の神聖さを示したものと解釈される。残念なことに環が欠けているが、残っている先端部分から、もとは3葉からなる環であったことが推定できる。14世紀または15世紀にさかのぼれる、この鍵の長さは50cmを超えていると考えられる。

p97：「城代の門」の鍵と聖メアリー教会の鍵

いずれも14〜15世紀、錬鉄製。左が城代の門の鍵で、長さ46cm。3葉の環がある。つばはほとんどなく、鍵の歯には溝が刻まれている。この鍵の歯の部分のみ、軸が空洞になっている。右が聖メアリー教会の鍵。環は欠けている。鍵の歯は、十字形の窓と開口部分で構成されている。歯の部分のみ、軸が空洞になっている。もとの鍵の長さは50cmを超えていたと想像される。いずれもドーヴァー城。

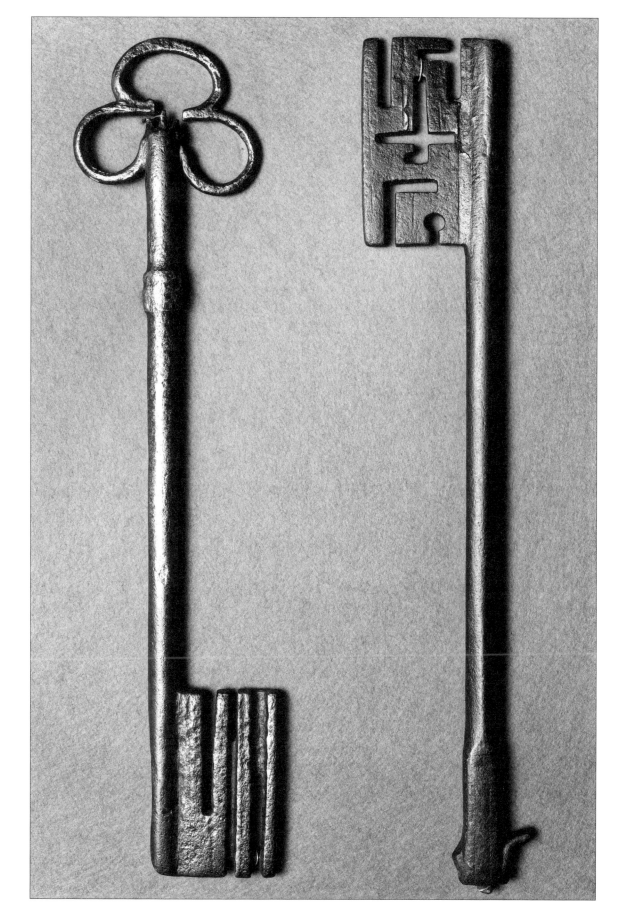

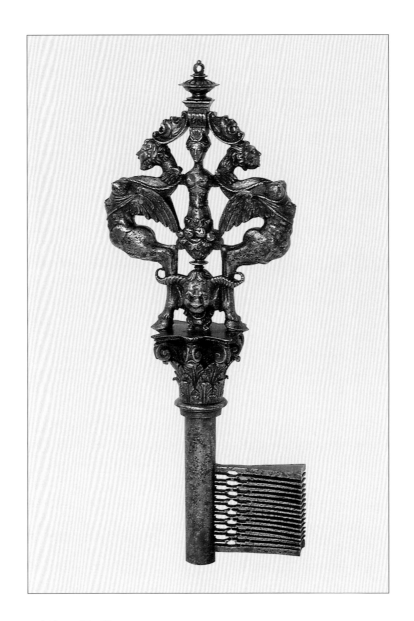

ルネサンス期の鍵

15世紀、スチール製、フランス製、長さ17cm。コリント式柱頭を模したつば、14の薄片からなる鍵の歯、軽い軸とピン（いずれも空洞）、中央に怪人の面と人物を配した環、その両側に背中あわせに対になったキマイラをもつ。ハンス・シェル・コレクション。

CLEFS D'ÉPOQUE RENAISSANCE
XVᴱ – FIN DU XVIᴱ SIÈCLE

ルネサンス期の鍵
15〜16世紀

▟ 鍵のタイプ
回転させる鍵

▟ 特徴と装飾
材質：スチール／錬鉄製。鉄に金銀銅の象嵌を施した美しい鍵もある（p100）。

サイズ：4 〜 30cm。

環／持ち手：鍵の主要な部分を形成している。よく見られるタイプは以下のとおり。

＊環で背中あわせになったキマイラが描かれている鍵は、おもにフランスとイタリアでつくられている（p98、p100）。女人像、グリュプス［ギリシア神話における、鷲の頭と翼、獅子の胴体を有する怪獣］、背中あわせになったセイレーンの姿［ギリシア神話における、美しい歌声で近くを通る船人を誘い寄せて難破させたという半女半鳥の海の精］の場合もある。

＊相対するイルカ。口に球をくわえている（p105）。16世紀は自然主義的に描かれていたが、のちに様式化され、フランスでは「カエルの脚」と呼ばれるようになった。

＊繊細にカットした組みあわせ模様の環。

＊左右対称にカールした環。とりわけ、ドイツ、オーストリア、スイスでよく見られる。軸の先が線条の切り込みで装飾されていることが多い（p102）。

＊「ヴェネチアン・スタイル」と呼ばれるバラ形装飾の環。リングのついた円形の環、赤銅でロウづけした格子模様。王冠を模した珍しいタイプもある（主としてイタリアとフランス、p106〜107）。

つば：フランスでは、イオニア式またはコリント式の柱頭（p100、105）をかたどっていることが多い。ドイツ、オーストリア、スイスでは、モールディング状か円形（p102）。

ルネサンス期の鍵

いずれも16世紀、スチール製、ほぼ実物大。
金と銀の象嵌がはめこまれている。環は背
中あわせになったキマイラ。柱頭をかたどっ
たつば。右の鍵はフランス製。とても繊細
な歯をもつ。いずれもドイツ鍵・建具博物館
（フェルバート）。

鍵の歯：細くて直角に曲がっている。十字形または星形をしていることもある。15世紀末頃にラッパ形の歯が登場し、鍵先または歯のシルエットが斧の形になった。爪は大きく前に突き出ている。

軸：多くの場合、軸は空洞（銅でロウづけ）。円形、三角形、へこんだ三角形〔縦溝のある尖頭アーチ〕、菱形、四つ葉形、ハート形、星形、スペード形など、開口部の形状は多彩で魅力的。

ガイド筒：プロテクト用のさやを指し（ノズル）、フランスの鍵に特有（p105）。

♩歴史

15世紀末（クワトロチェント）、エスプリとアートの街、イタリアのフィレンツェで、古代文化に深く影響された新たなムーブメント「ルネサンス」が誕生する。同じ頃、ヨーロッパのほかの国では、まだゴシックが隆盛を極めていた。

ルネサンス様式は、フランス国王フランソワ1世の治世にフランスで確立した。1526年、王はイタリアから重要な芸術家の一団を呼び寄せ、フォンテーヌブロー城を美しく飾らせた。その芸術家のなかで最も有名なのが、天才レオナルド・ダ・ヴィンチ（1452～1519年）だ。

フランス・ルネサンスは、鉄製品の製造において転換期を迎え、鋼材の切断技術によって金属を彫刻することが可能になり、錠前職人たちは奔放な想像力の赴くまま、組みあわせ模様、背中あわせになったキマイラ、グロテスクな頭部、女性像、グリュプス、相対するイルカ、海中に棲む想像上の生きものを好んで使い、美しく鍵を飾った。これらは、錠前、鍵穴、飾り座金、ノッカーの装飾にも用いられる。芸術的に組みあわせたこれらの要素は生命力に満ち、想像力をかき立て、当時の環を傑作に変えた。なかでもつばは、古代から豊かなインスピレーションを得て、アカンサスの葉で飾られたイオニア式またはコリント式の柱頭を模していた（p100、p105）。

他方、ドイツ、オーストリア、スイスでは、芸術的センスが別の形で発揮される。左右対称にカールしたデザインが装飾の主流を占め、環は二重の渦巻きを形成していた。それに対し、つばは多くの場合、モールディング状か円形の単純な形にとどまっていた（p102）。

ヴェネチアン・スタイルの鍵（15～16世紀）

ヴェネチアン・スタイルの鍵は、ルネサンス期に特有のカテゴリーだ。円形の環と、赤銅でロウづけした格子模様を特徴とし、ゴシック様式のバラ形装飾を模している。リングがついている場合もあり、珍しいものではそれが王冠になっている。イタリアを起源とするこのタイプの鍵は、フランスでもよく見られる。

ルネサンス期の鍵

いずれも16世紀、錬鉄製、ほぼ実物大。
左右対称にカールした環、円形のつば。
空洞の軸の下部は線条の切り込みで装飾
されている。鍵の歯には窓と開口部があ
る。このタイプは、ドイツ、オーストリア、
スイスでよく見られる。いずれも個人蔵。

過渡期の鍵
いずれも17世紀、錬鉄製、ほぼ実物大。
つばにはいくつもの輪が連なっている。空
洞の軸。左の鍵はユリの花をかたどった
環をもち、鍵の歯は迷路のように入り組ん
でいる。中央の鍵は花の飾りの豪華な環
をもち、星形の歯をしている。右の鍵はユ
リの花をかたどった環をもち、星形の歯を
している。いずれも個人蔵。

フィレンツェ、ルネサンスの揺りかご

フィレンツェのすぐれた建築家、彫刻家、画家のフィリッポ・ブルネレスキ（1377〜1446年）の名は、ルネサンス初期の芸術と切り離して考えることはできない。透視図法（線遠近法）を採用した最初の人物で、目に見えるとおり平面上に物を表現する画期的な手法を用い、絵画における空間を再発見した。

建築家としてのブルネレスキは、古代ローマの記念建造物を詳細に研究し、そこからインスピレーションを得て、ゴシックの影響を完全に排した新しいスタイルの創造に至った。ブルネレスキがフィレンツェに建てた数々の建造物のなかでも、サンタ・マリア・デル・フィオーレ大聖堂の丸屋根は、今日なお、街のシンボルとしてそびえている。

古代の形態と装飾への回帰は、ルネサンス建築の基盤だ。どっしりとした重厚な外観の家具についても同様で、鍵と錠前も影響を受けている。一般には古代ローマの文化の再生と見なされているが、ルネサンスという時代は単なる美術史上の概念を超越している。それは、存在にアプローチする新たな方法であり、こうした新しい発想が新しい時代を拓いたのだ。ルネサンスは、宗教が隅々にまで浸透したゴシックの世界観が強制する規則や制約から人間を解き放つ。このユマニスムの精神は、イタリアで生まれ、以降、人間が世界の中心を占めるようになった（自信に満ち、世界に対する好奇心を失うことなく問いかけ、探求し、発見する……）。

問い、探求、発見

解剖学、物理学、天文学の分野で新たに獲得した知識は、中世の世界観をひっくり返した。イタリアの画家であり、建築家、知識人のレオナルド・ダ・ヴィンチは、科学的精確さで人体を研究し、フランドルの解剖学者であり、パドヴァ大学教授のアンドレアス・ヴェサリウス（1514〜1564年）は、近代医学を創始した。ポーランドの天文学者ニコラウス・コペルニクス（1473〜1543年）は、死後に出版された『天球の回転について』において、地球とその他の天体は太陽の周囲をまわっていると主張し、地球を中心とする中世の社会通念を打ち破った。

芸術と科学だけではなく、地理学の知識もルネサンス期に飛躍的に発展した。スペインに仕えたイタリアの探検家であり、航海者のクリストファー・コロンブス（1451〜1506年）の新大陸発見により、世界は大きく拡大する。また、ドイツの印刷業者ヨハン・ゲンスフライシュ、通称グーテンベルク（1400〜1468年）の活版印刷術の発明（1455年）により、数百万人に本を提供することが可能になった。グーテンベルクの名は、印刷した書物の出現のシンボルだ。本によって文書が普及することで、近代思想の革命にもつながった。

そして、16世紀の最も重要な出来事が宗教改革だろう。カトリック教会の教育、実践、位階制に疑義を唱えるこの運動は、ヨーロッパ文化・芸術の根底にある伝統を問い直した。ドイツの宗教改革の推進者マルティン・ルター（1483〜1546年）は、1517年、「95か条の論題」

をヴィッテンベルクの教会に掲出し、西洋キリスト教との断絶を引き起こした。

フランスと英国のルネサンス

フランス・ルネサンスは1560年頃に絶頂期を迎え、絵画と彫刻に大きな影響を与えた。建築に対する影響は乏しかったが、金属工芸の分野で大きな収穫があった。時系列に見ると、フランスでこの新様式はフランソワ1世（在位1515 ～ 1547年）、アンリ2世（在位1547 ～ 1559年）、フランソワ2世（在位1559 ～ 1560年）、シャルル9世（在位1560 ～ 1574年）の時代に発展した[41]。さらにつけ加えるならば、英国のルネサンスはエリザベス1世（在位1558 ～ 1603年）時代と、続くジャコビアン時代［ジェームズ1世の治世期間］（1603 ～ 1625年）を含んでいる[42]。

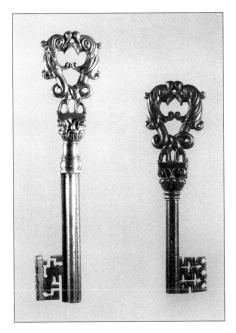

ルネサンス期の鍵

いずれも16世紀、錬鉄製。相対するイルカをかたどった環、柱頭の形を模したつばからなる。さらに左の鍵は長さ18.4cm。三つ葉形の空洞の軸をもつ。右の鍵は長さ14.3cm。八角形の空洞の軸をもつ。いずれもヴヴェイ歴史博物館。

ルネサンス期の鍵

いずれも17世紀、錬鉄製。相対するイルカを様式化した環、凝ったつくりのつば、三角形の空洞の軸からなる。さらに右の鍵は長さ18.5cmで、長さ15.5cmのガイド筒をもつ。いずれも個人蔵。

ヴェネチアン・スタイルの鍵

いずれも16世紀、錬鉄製、実物大。
円形の環（赤銅でロウづけした格子模
様で、上にリングがついている）、モール
ディング状のつば、開口部のある歯、
空洞の軸。中央の鍵は扉の鍵となっ
ており、八角形の軸（線条の切り込み
で装飾）をもつ。右の鍵は三つ葉形の
軸をもつ。いずれも個人蔵。

ヴェネチアン・スタイルの鍵

17世紀初期、錬鉄製、実物大。
銅によるロウづけ。セキュリティ向
上のため、「ドーム」を備えている。
円筒形のボックス型ウォードの
なかには同心円状のウォードと
ピンがあり、鍵の歯はこのウォー
ドを「通り抜ける」必要がある。個
人蔵。

名匠の鍵

1630年頃、スチール製、フランス製、実物大。短い軸とピン（いずれも空洞）。中央に放射状のバラ形装飾のある環（逆さになった2頭の獅子の頭部で飾られている）がある。透かしが上の角灯にも下の台座にも入っている。櫛のような鍵の歯は、28層の薄片が連なっている。ドイツ鍵・建具博物館。

CLEFS DE MAÎTRISE
FIN XVE – DÉBUT DU XVIIIE SIÈCLE

名匠の鍵
15世紀末～18世紀初期

鍵のタイプ

名匠の鍵と錠前の一般的な形は、16世紀から18世紀中頃に至るまでほぼ変わっていない。

回転させる鍵

特徴と装飾

材質：スチール製。

サイズ：8.5 ～ 18cm。

環／持ち手：バラ形模様の上に直方体の角灯が載っており、いずれも透かしが入っている。角灯の上には小さな壺、バラスター、人物像などの飾りがある。典型的な角灯の形から名匠の鍵は、別名「角灯風の鍵」とも呼ばれる。バラ形の装飾はめくら窓のような一種の緩衝材で、角灯と二重構造を形成している。バラ形装飾の外側が、さらに仮面、リング、その他の装飾で飾られていることもある。

つば：四角形または長方形の台座に透かしが入っている。

鍵の歯：鍵の歯はまるで櫛のようで、薄片が何層にも連なっている。薄片の数は6層（溝は7）から20層（溝は21）までさまざま。ただし、108ページの鍵は例外で、28層（溝は29）もある。鍵の歯の軸の側には、繊細な十字形の穴が密に並んでいる。15世紀、鍵の歯は平らだった。16世紀の初期に先がピラミッド形に広がり、16 ～ 17世紀に斧の形になる[43]。

軸：軸は短く、空洞になっている。空洞のピンがついていることもある。

♪ 歴史

金属工芸と鍵の装飾は、16世紀と17世紀に芸術的頂点に達する。

完璧な構造

15世紀から16世紀初期に伝えられた中世の伝統的な鍵は、環が大きくなり、やすりで磨かれ、なかが透けて見える角灯の形になる。この角灯が、ゴシック様式の典型である透かしの入ったバラ形装飾の上に載っている（仮面などでさらに装飾されている場合もある）。鍵の中心を占めるバラ形装飾は、従来の鍵のつばの役割を果たす、四角形または長方形の透かしの入った台座に載っている。短い空洞の軸は（空洞のピンを備えている場合もある）、繊細な櫛または薄片状の凝った歯がついており、さらに繊細な十字形の穴が軸の側に密に並んでいる。こうした精巧さにもかかわらず、名匠の鍵は錠前のメカニズムを問題なく動かせるように頑丈につくられている。

他の芸術作品と同様、これらの鍵と錠前には製造者の名前と日付が入っており、時代を特定して他と比較ができるため、収集家にとって最も価値が高い。例えば、113ページの聖櫃の錠前には「クロード・シャロワン作、1666年」、119ページの絢爛豪華な鍵にはつばに「PD、1743年」と刻まれている。

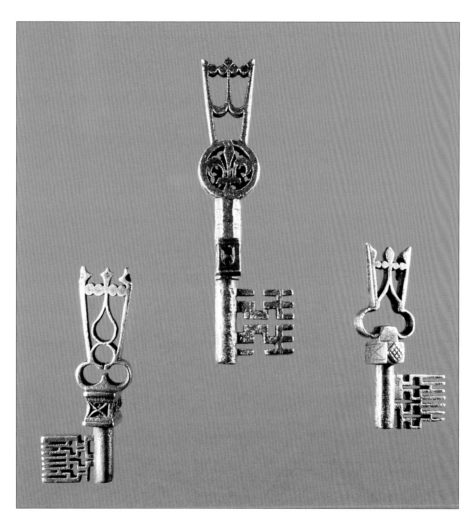

王冠形の鍵

いずれも16世紀初期、錬鉄製、長さ6.8 〜 11cm。名匠の鍵の原型。透かしの入った環に王冠が載っている。装飾されたつばが目を引く。櫛のような歯は、軸の側に十字形の窓が空いている。また、中央の鍵以外は、軸が空洞になっている。

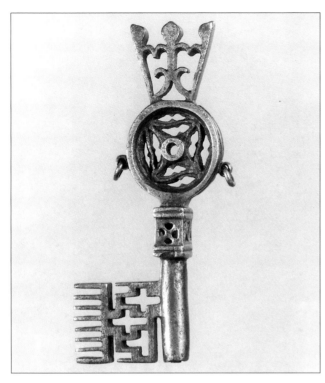

王冠形の鍵

16世紀初期、錬鉄製、実物大。
バラ形模様に王冠が載っている。
空洞の軸。ル・セック・デ・トゥルネル
博物館。

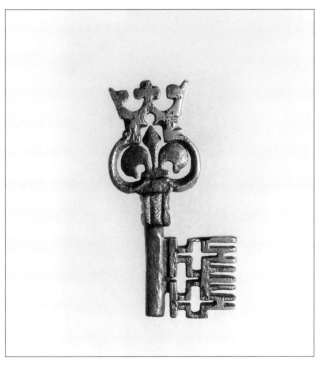

王冠形の鍵

16世紀初期、錬鉄製、実物大。
ユリの花をかたどった環、空洞の
軸。ル・セック・デ・トゥルネル博物館。

名匠の鍵

とりわけフランスで、熟練した職人の手でつくられた名作は、「鉄の工芸作品」や「彫刻の驚異」と称される。職人組合のなかで親方のランクにまでのぼりつめるため、職人は名作に値する作品（この場合は、鍵と錠前）を提示しなければならなかった。

王冠形の鍵（p111〜112）は名作の原型だ。これらの作品には、バラ形の透かしで装飾された環、流れるようなラインの王冠、幅広のつば、空洞の軸、櫛のような鍵の歯など、すでに名作に匹敵する特徴がすべて認められる。

聖櫃の錠前と名匠の鍵

名匠の鍵とその錠前。左上の写真は上から見たところ。透かしにイニシャル「IHS」がモノグラムとなっているのが認められる。左下の写真からは、聖櫃の錠前に「クロード・シャロワン作、1666年」と刻まれていることがわかる。ヴヴェイ歴史博物館。

収集家の夢

変遷する芸術を体現する魅惑の鍵は、収集家の胸をときめかせる。しかし、唯一無二の見事な作品は、一般には手に入らない。愛好家は、重要なコレクションが競売にかけられた際に入手することが多い。なかには、かなりの値段に達する作品もある。

今日、最も美しく、最も豊かな鍵の名作コレクションを有しているのは、フランスのル・セック・デ・トゥルネル博物館だろう。また、ヴィクトリア・アンド・アルバート博物館(ロンドン/イギリス)、ドイツ鍵・建具博物館、ヴヴェイ歴史博物館、エルミタージュ美術館にもきわめて珍しい鍵が保管されている。金属芸術をこよなく愛する者にとって、これらの宝庫を訪れることは重要で、それだけの価値がある。

名匠の鍵

17世紀、スチール製、実物大。櫛のような鍵の歯。
ル・セック・デ・トゥルネル博物館。

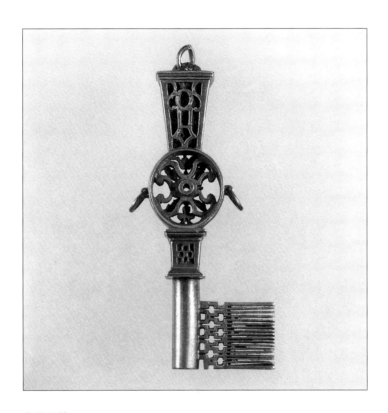

名匠の鍵

17世紀、スチール製、実物大。櫛のような鍵の歯。
ル・セック・デ・トゥルネル博物館。

名匠の鍵

17世紀、スチール製、実物大。バラ形装飾に載っ
た角灯、空洞の軸とピン、櫛のような鍵の歯。
ル・セック・デ・トゥルネル博物館。

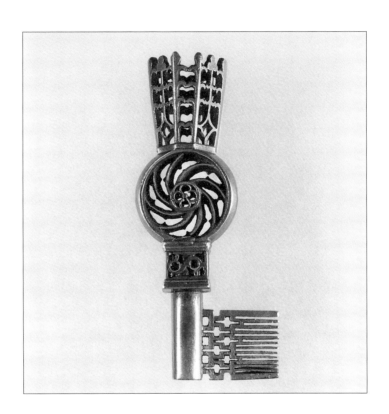

名匠の鍵

17世紀、スチール製、実物大。王冠のような角灯、
空洞の軸とピン、櫛のような鍵の歯。ル・セック・デ・
トゥルネル博物館。

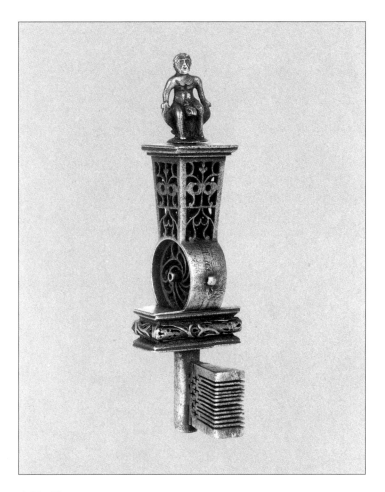

名匠の鍵

17世紀、スチール製、フランス製、実物大。
中央に放射状の花形装飾、透かしの入った
角灯（鷲の背に乗った神話の登場人物で装飾され
ている）、透かしの入った四角形のつば、櫛の
ような鍵の歯、短い軸とピン（いずれも空洞）。
ル・セック・デ・トゥルネル博物館。

絢爛豪華な名匠の鍵

1743年、スチール製、実物大。放射状の
バラ形装飾の環が中央にあり、透かしの入っ
た角灯(仮面で装飾されている)が載っている。
透かし入りの四角形のつばには、「PD、
1743年」と刻まれている。22の薄片からなる
斧の形をした鍵の歯は、まるで櫛のようだ。
下の写真2点は、角灯とバラ形装飾(部分、
拡大)。ル・セック・デ・トゥルネル博物館。

教会の回転させる鍵

17～18世紀、錬鉄製、長さ11.4cm。相対する2頭のイルカ（口に球をくわえている）をかたどった環。環の中央にはイニシャル「IHS」がモノグラムとなって刻まれており、十字架が載っている。透かしの入ったつば、十字形の空洞の軸、凝ったつくりの鍵の歯。歯の断面は十字形と豪華なつくりだ。ル・セック・デ・トゥルネル博物館。

CLEFS D'ÉGLISE

教会の鍵

鍵のタイプ
回転させる鍵：空洞または空洞になっていない軸をもつ。

聖遺物箱の鍵

象徴としての鍵

特徴と装飾
教会の鍵は、俗世で使用する鍵の発展にとってもきわめて重要だ。例えば、十字形の窓の空いた鍵の歯の起源は宗教にさかのぼる。聖なる場所の開閉という教会の鍵に特有の機能、そして芸術的な調和のとれた形態は、俗世の鍵と一線を画し、その希少さと美しさゆえに収集家の垂涎の的だ。

材質：青銅製、錬鉄製。ただし、聖遺物箱の鍵と象徴の鍵は金銀製。

サイズ：中世の教会の鍵はとても大きく、なかには50cmを超えるものもある（p97）。

環／持ち手：象徴性は教会の鍵ならではの特徴。特に中世以降、環は宗教的装飾によって美しく飾られた。モノグラムの「IHS」(「人の世の救い主イエス」の意、Iesus Hominum Salvator)、十字架、マリアを意味する「M」などの表象が、聖なるオブジェを形成している。

つば：大半は装飾されている。

鍵の歯：12世紀以降、通常、十字架の形をしている。

軸：空洞のものと空洞でないものがある。12世紀以降は、装飾されていることが多い。

教会の回転させる鍵

いずれも錬鉄製、実物大。左の鍵は16世紀イタリア・ルネサンス期のもの。「神の小羊」をかたどった環、空洞の三角形の軸をもつ。中央の鍵は18世紀ドイツ・バロック期のもの。マリアを意味する「M」の文字のある環、空洞でない軸をもつ。右の鍵は17世紀のもの。十字架で飾られた環、段々になったつば、空洞の軸をもつ。いずれも個人蔵。

122

🗝 歴史

「わたしも言っておく。あなたはペトロ。わたしはこの岩の上にわたしの教会を建てる。陰府の力もこれに対抗できない。わたしはあなたに天の国の鍵を授ける。あなたが地上でつなぐことは、天上でもつながれる。あなたが地上で解くことは、天上でも解かれる」。

この『マタイによる福音書』第16章18〜19節の一節は重要で、キリスト教図像学のなかでも特権的な地位を鍵に授けている。ペトロと鍵は象徴として2000年にわたって芸術家たちにインスピレーションを与え続けてきた。天国の門番である鍵は、キリスト教の古いモザイク画、聖遺物箱、ステンドグラス、絵画、神聖な品、彫刻などにも描かれている。こうした表象には当時の芸術家たちの感性があらわれており、オリジナルがどのようなものであったのか、描かれた鍵は多くのことを教えてくれる。

聖書に書かれている鍵

新約聖書でも旧約聖書でも、鍵は高位と権力の象徴として描かれている。多少なりともよく知られた聖書の一節を読むと、教会の鍵とキリスト教図像学の発展の経緯をよく理解することができる。現在までに知られている鍵の最古の痕跡は、『士師記』と『イザヤ書』にある。この記述は最も重要だ。なぜなら、鍵が紀元前10〜8世紀のパレスチナですでに使用されていたことの証しだからだ。

『士師記』（旧約聖書）

語られているのは、紀元前1000年頃に起こった戦いの叙事詩。第3章15〜25節には、エフドがモアブの王エグロンの腹に左手で剣を刺して殺した場面が書かれている。王の従臣たちが、殺人が行われた部屋の鍵を取って戸を開ける。

「待てるだけ待ったが、屋上にしつらえた部屋の戸が開かないので、鍵を取って開けて見ると、彼らの主君は床に倒れて死んでいた」——これは、聖書で鍵が実用的な道具として具体的に記されている唯一の箇所だ。

『イザヤ書』（旧約聖書）

イザヤは紀元前765年に生まれ、神の神殿で預言者として召命を受ける。そうして、民を裏切った罰として、エルサレムとユダの家の終焉を告げる。第22章21〜22節で、イザヤは万軍の主なる神がヒルキヤの子エルヤキムについて語ったことを思い出している——「彼にお前の衣を着せ、お前の飾り帯を締めさせ、お前に与えられていた支配権を彼の手に渡す。彼はエルサレムの住民とユダの家の父となる。わたしは彼の肩に、ダビデの家の鍵を置く。彼が開けば、閉じる者はなく、彼が閉じれば、開く者はないであろう」。

ここで鍵は高位と権力の象徴だ。同様の一節が『ヨハネの黙示録』にもある（第3章7節）。

イタリアのトルチェッロ島にあるドーム

12世紀。聖ペトロが3つのロマネスク様式の鍵をもっている珍しいモザイク画（部分）。

背の高いステンドグラス

1330 ～ 1340年頃。オートリヴ＝プレ＝ポジュー（フライブルク／スイス）にある大修道院のメダイヨン（部分）。使徒ペトロが豪華なゴシック様式の鍵を手にしている。四つ葉のモチーフで装飾された菱形の環、空洞の軸、十字形の鍵の歯。オリジナルは、バイエルン国立博物館（ミュンヘン／ドイツ）にある。

オーストリアの教会の鍵

18世紀、錬鉄製、実物大。十字架
をかたどった環、円形のつば、十字
形の窓の空いた鍵の歯、空洞の軸。
ハンス・シェル・コレクション。

第45章の冒頭、イザヤはここでも当時の神殿の扉について語っている――「（…）青銅の門の扉を破り、鉄のかんぬきを折り、暗闇に置かれた宝、隠された富をあなたに与える」。

『マタイによる福音書』（新約聖書）
第16章18〜19節で、イエスはヨナの息子シモン・ペトロに「天の国の鍵」を厳かに授ける（「歴史」の冒頭）。この一節は特に重要で、5世紀以降、常にキリスト教芸術のインスピレーション源になってきた。教皇の紋章の起源は、このキリストの言葉にある。

『ルカによる福音書』（新約聖書）
第11章52節にはこう書かれている――「あなたたち律法の専門家は不幸だ。知識の鍵を取り上げ、自分が入らないばかりか、入ろうとする人々をも妨げてきたからだ」。

『ヨハネの黙示録』（新約聖書）
ドミティアヌステ帝（在位81〜96年）の時代、預言者ヨハネは迫害を受け、ギリシアのパトモス島に流刑となる。そこで、ヨハネは神キリストの啓示を受け、現在と未来に関する象徴的な幻視、黙示録を書く。新約聖書の最後に配されているこの『ヨハネの黙示録』は、4つの鍵について暗に言及している。鍵は、ここでも高位と権力の象徴だ。
第1章17〜18節：最初の幻視では、よみがえった「人の子」が、ヨハネに向かって語りかける――「わたしは最初の者にして最後の者、また生きている者である。一度は死んだが、見よ、世々限りなく生きて、死と陰府の鍵を持っている」。この場面は、ビザンティン美術のなかで繰り返し描かれている（p131）。
第3章7節：フィラデルフィアにある教会にあてた手紙には、次のように書かれている。「フィラデルフィアにある教会の天使にこう書き送れ。『聖なる方、真実な方、ダビデの鍵を持つ方、この方が開けると、だれも閉じることなく、閉じると、だれも開けることがない（…）』」。『イザヤ書』第22章21〜22節にも、よく似た一節がある。
第9章1〜2節：第7の封印が開かれるとき、人間は災いに見舞われると預言者は告げる――「（…）天は半時間ほど沈黙に包まれた。そして、わたしは七人の天使が神の御前に立っているのを見た。彼らには七つのラッパが与えられた。（…）第五の天使がラッパを吹いた。すると、一つの星*が天から地上へ落ちて来るのが見えた。この星に底なしの淵に通じる穴を開く鍵が与えられ（…）」。
*星はユダヤ教の黙示文学で、天使の堕落を想起させるイメージとして用いられている。
第20章1〜3節：「わたしはまた、一人の天使が底なしの淵の鍵と大きな鎖とを手にして、天から降って来るのを見た。この天使は、悪魔でもサタンでもある。年を経たあの蛇、つまり竜を取り押さえ、千年の間縛っておき、（…）」。

ガッラ・プラキディアの廟堂（ラヴェンナ／イタリア）

5世紀。モザイク画（部分）。右が使徒ペトロで、鍵を手にしている。
左が使徒パウロで、中央には鉢と2羽の鳩が描かれている。現在、
知られている最古の表象。

アリアーニ洗礼堂（ラヴェンナ／イタリア）

6世紀。モザイク画（部分）。宝石がちりばめられた玉座を正面にしてその右側に立っているのが使徒ペトロで、赤いひもで結わえたふたつの鍵を手にしている。左側に立っているのは使徒パウロ。

図像学と鍵

『マタイによる福音書』の一節には、キリストが厳かに使徒ペトロに鍵を授ける様子が描かれている。5世紀以降、宗教芸術で好んで取り上げられてきた場面だ。何世紀にもわたって鍵のモチーフは、芸術家たちにインスピレーションを与えてきた。最古の表象は、初期キリスト教信仰のロマネスク時代のモザイク画と棺に見られる。

ガッラ・プラキディアの廟堂（ラヴェンナ／イタリア）

この廟堂は、ウァレンティニアヌス3世の母のために、5世紀前半、サンタ・クローチェ教会堂（417〜420年に建設）内に建てられた。ことに美しいモザイク画には、鍵を手にしたペトロの姿が描かれている。これは、今日知られている最古の表象で、優美な場面を構成するのは使徒ペトロとパウロ、そして中央に位置する鉢と2羽の鳩だ。ペトロが左手にもっている鍵には、丸い環がついているのがはっきりと見て取れる。比率から推して、鍵の長さは15cmほどだと思われる（p127）。

アリアーニ洗礼堂（ラヴェンナ／イタリア）

6世紀初期、西ゴート王テオドリック1世によって建てられた洗礼堂の丸天井を飾る名高いモザイク画には、メダイヨンの中央にキリストの洗礼、周囲には円になった12人の使徒と宝石のちりばめられた玉座が描かれている。玉座を正面にしてその左側に立っているパウロは巻いた写本を、右側に立っているペトロは、赤いひもで結わえた大きなふたつの鍵（教皇の紋章を彷彿させる、p136）をもっている。比率から推して、鍵の長さは25cmほどだと思われる（p128）。

ビザンティン美術の図像学と鍵

芸術の愛好家たちは、ビザンティンのモザイク画に鍵をもった聖ペトロがいないか探し求めているが、成果は虚しく、使徒のアトリビュート（持物）である鍵はない。反対に、キリストの陰府への降下を描いたビザンティンの表象には、地獄の扉を開く鍵がよく描かれており、錠前から主の足元に落ちている。キリスト教の黙示録で、地獄は陰府（ギリシア神話の冥界の王ハデスの国）と呼ばれ、キリストの復活を描くビザンティン美術の表象は、『ヨハネの黙示録』第1章17〜18節に基づいている——「恐れるな。わたしは最初の者にして最後の者、また生きている者である。一度は死んだが、見よ、世々限りなく生きて、死と陰府の鍵を持っている」。黙示録のこの一節を取り上げた有名なふたつのモザイク画は、注目に値する。

ダフニ修道院（アッティカ／ギリシア）

アテネ近郊、ダフニ修道院のモザイク画は1100年代にさかのぼり、ビザンティン美術の傑作のひとつに数えられる。キリストの生涯の一場面では、陰府への降下が描かれ、主の足元にはふたつの鍵穴のある錠前、脇には四角い歯のある鍵が4つ落ちている。

オシオス・ルカス修道院主聖堂（スティリス／ギリシア）

10〜11世紀にさかのぼる見事なモザイク画も、キリストの陰府への降下（解釈によっては、キリストの復活）がテーマで、金色の背景に十字架を右手にもって凱旋するキリストの姿が認められる。左の足元にあるのは、ふたつの鍵穴のある錠前とふたつの鍵。大きいほうの鍵は、環が動かせるようになっており、長方形の歯が6つある（p131）。

サン・マルコ寺院（ヴェネチア／イタリア）

中央の丸屋根の西側のアーチには、12世紀にさかのぼるビザンティンのモザイク画がある。テーマはキリストの受難。「リンボへの降下」の場面では、4つの鍵がイエスの足元に置かれている。いずれも鍵の歯に透かしが入り、軸の先端が歯よりも先に突き出ている。

オシオス・ルカス修道院主聖堂

11世紀。ビザンティンのモザイク画、キリストの陰府への降下。キリストの左の足元に、錠前と鍵がある。

コンラート・ヴィッツによる祭壇の絵

1400 〜 1444年頃。《ミース枢機卿の聖母への献上》(部分)。使徒ペトロがゴシック様式の鍵をふたつ手にしている。美術・歴史博物館(ジュネーヴ スイス)。

高位僧職者の鍵

18世紀、錬鉄製、長さ13.5cm。大司教の冠と紋章をかたどった環、空洞になっていない軸。ル・セック・デ・トゥルネル博物館。

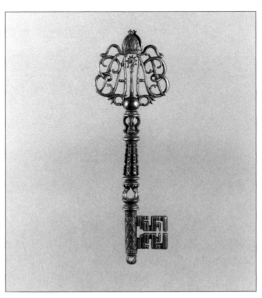

高位僧職者の鍵

17〜18世紀、スチール製、長さ11.4cm。司教冠と司教杖で飾られた環。ル・セック・デ・トゥルネル博物館。

高位僧職者の鍵

17〜18世紀、錬鉄製、長さ9.5cm。透かしの入った環に司教冠が載っている、空洞の軸。ル・セック・デ・トゥルネル博物館。

ルーアンの大司教コルベールの鍵

17世紀、スチール製、長さ13.5cm。空洞になっていない軸、ふんだんに装飾された鍵の歯。ル・セック・デ・トゥルネル博物館。

聖遺物箱の鍵

聖遺物箱の鍵は、とりわけ興味深い。完璧に保存された中世初期のふたつの鍵はとても貴重だ。ひとつは、オランダのマーストリヒトにある聖セルヴァティウス教会の聖遺物箱の鍵。8世紀または9世紀に、金と銀でつくられている。もうひとつは、ベルギーのリエージュにある聖フーベルトゥスの青銅製の鍵で、11世紀または13世紀につくられた。

聖セルヴァティウス教会の聖遺物箱の鍵（マーストリヒト／オランダ）

トンゲレンの司教セルヴァティウスは、神の御言葉を伝えるのに全力を尽くし、司教区をトンゲレンからマーストリヒトに移したのち、そこで384年に亡くなった。死後まもなく、セルヴァティウスの墓の周辺でいくつもの奇跡が起こる。6世紀には墓のある場所に教会が建てられ、多くの人が巡礼に訪れるようになり、11世紀には修道院も建立された。伝説によると、貴重な金属でつくられた聖セルヴァティウスの見事な鍵が、セルヴァティウスの墓で見つかったという。最近の研究の結果、この聖遺物箱の鍵は、カロリング朝のものであることがわかった。葉むらで飾られた角灯をかたどった大きな環、十字形の窓が5つある鍵の歯、その調和の取れた形態はとても魅力的だ（p134）。こうした特徴は、8～9世紀の鍵を彷彿させる（p58「中世初期からカロリング朝にかけての鍵」）。

聖フーベルトゥスの青銅製の鍵（リエージュ／ベルギー）

聖遺物箱のふたつめの鍵は、聖フーベルトゥスの墓で発見され、フランス革命まではリエージュの聖ペトロ教会で保管されていた。マーストリヒトとリエージュの主教フーベルトゥスは、727年に亡くなった。伝説によると、この鍵は、フーベルトゥスのローマへの巡礼の際に、セルギウス1世（687～701年）によって691年に、あるいはグレゴリウス2世（715～731年）によって721年に贈られたと考えられている。角灯の形をした環は、聖ペトロがローマに引き立てられていった時の鎖の一部が含まれているという。長さ37.3cmの大きさは強い印象を与える。この鍵は異なる時代に由来するふたつのパートで構成されている。古いほうは、角灯形の環に聖遺物が描かれ、おそらく11世紀または12世紀にさかのぼる。角灯は三角形の8つのパートに分かれており、ふたりの人物（聖書を手にしたキリスト、鍵を手に祝福を授ける聖ペトロ）が描かれている。両者は4回ずつ、8つのパートにそれぞれ登場する。人物像の上には、まるで王冠のように小さな環が冠せられ、かけられるようになっている（p134）。つば、軸、十字形の窓のある鍵の歯は、12世紀または13世紀のものだと考えられる。つばの正面には、十字架にかけられたキリストの磔刑像が、裏には聖マリアと聖ヨハネが描かれている[44]。

聖セルヴァティウス教会の聖遺物箱の鍵

8〜9世紀、金と銀の合金製、長さ28.5cm。目を引く角灯形の大きな環は葉むらで飾られ、馬の頭部につける靮が載っている。つばは円形で、鍵の歯には十字形の窓が5つ空いている。空洞の軸。セルヴァティウスはマーストリヒトの最初の司教で、384年に亡くなった。

聖フーベルトゥスの青銅製の鍵

11〜13世紀、青銅製、長さ37.3cm。ふんだんに装飾された角灯形の環には、聖ペトロの聖遺物が描かれている(最古の部分)。つばにはキリストの磔刑像、マリア、聖ヨハネが描かれ、鍵の歯には十字形の窓がある。空洞でない軸。聖十字架教会(リエージュ/ベルギー)。

教皇庁と鍵

ローマ・カトリック教会は、ペトロに語ったイエスの言葉に基づき（『マタイによる福音書』第16章19節）、鍵を使って「つなぐ／解く」力の基礎を築き、それを教皇に授けた。したがって、開閉をつかさどる鍵は、ローマ・カトリック教会における教皇の権力の象徴で、地上における代理者ペトロにキリストが伝えた至高の力を形而上学的に秘め、神学に基づくふたつの前提について力を行使している。すなわち、ひとつは裁判権、法解釈の絶対的権利で（裁治権）、もうひとつは統治し、あらゆる機能、行為、サクラメント［キリスト教において神の見えない恩寵を具体的に見える形であらわすこと］を実行する絶対的権利（叙階権）で、聖座と聖職者がもつ権力だ。

芸術作品において、使徒ペトロは天の番人としてアトリビュート（ここではひとつの大きな鍵、または複数の中くらいの鍵）とともに描かれている。ペトロの後継者と見なされる教皇は、教皇の位の象徴として鍵を受け取っている。13世紀以降、いくつかの規範（盾、三重冠、鍵）が教皇の紋章上で効力を認められ、印章、通貨、旗に描かれるようになった。紋章の背景にある盾は高位を象徴するが、教皇はそれを超えている。三重冠は紋章の中央、金と銀の鍵の上に配置されている。鍵は赤の綬で結わえられ、十字形に交差する。紋章の伝統は現在まで脈々と続き、バチカン市国の国章（p136）でもふたつの鍵が交差している。

紋章の解釈

左側の銀の鍵は「閉じる／つなぐ」力を、右側の金の鍵は「開く／解く」力を象徴している。ふたつの権力の融合をあらわすため、アリアーニ洗礼堂と同様に、鍵は赤いひもで結わえられている。環は下（すなわち、鍵の所有者である教皇がいる地上）を向いているのに対し、鍵の歯は上を向いている。なぜなら、「つなぐ／解く」力は天空にかかわることだからだ。ここで、重要なディテールを指摘する必要がある。紋章を見ると、鍵の歯に十字架の形をした窓が空いており、つまり、教皇はキリストの死を通じて権力を手にしたということだ。十字形の窓は偶然の賜物ではなく、宗教的意味合いが大きい。

パビリオン

15世紀以降、教会の紋章学に特有の象徴的図柄として、「傘」と呼ばれるパビリオン［野戦で使用する天幕をかたどった装飾。右上の図］が出現する。それは教皇の旗のしるしと見なされ、教会の旗にも頻繁に認められる。かつての慣習法に従って、パビリオンは教皇から特権を付与されたすべての聖堂に属し、その特徴を示す。パビリオンや鍵などのシンボルは、枢機卿会、教皇庁会計院、教皇庁の機関や神学校で使用されている。

ルターを糾弾する教皇レオ10世の印璽

1520年．ふたつの鍵が交差している教皇の紋章（ジョバンニ・ディ・メディチ）。

バチカン市国の国章

交差するふたつの鍵。鍵は赤い綬で結わえられ、歯に十字架の形をした窓が空いている。

教皇逝去に際して行われる葬儀では、棺台の上に置かれるのは三重冠のみで、教皇の権限の消滅を示すため鍵は置かない。しかし、この権限は教皇の死により決定的に消滅したわけではない。永遠の世のため教会にゆだねられたままだからだ。聖座が空位の間、新教皇の就任までは、教皇庁首席枢機卿が一時的に教会の権利を統括する。空位期間中、首席枢機卿は、盾型を背景にパビリオンの下に置かれた鍵の図柄を保持する[45]。

教会の鍵

17世紀、錬鉄製（ただし「INRI」と書かれたプレートとキリストの体は真鍮製）、
実物大。横にカットされた鍵の歯。ル・セック・デ・トゥルネル博物館。

教会の鍵

17世紀、スチール製、実物大。十字架を
もったグリュプスをかたどった環、円形
のつば、屈曲した鍵の歯、空洞の軸。
ドイツ鍵・建具博物館。

教会の鍵

いずれも錬鉄製、実物大。左の鍵は
17世紀のもの。先がカールした環は、
中央に十字架を配している。空洞の八
角形の軸をもつ。中央の鍵は17世紀
のもの。名匠の鍵であり、十字架で飾
られた環、空洞の軸をもつ。右の鍵は
1830年頃のもの。十字架をデザイン
した環。軸は空洞ではなく、ふたつの
球で飾られている。いずれも個人蔵。

侍従の鍵

18世紀後半、金箔を被せた青銅製、長さ4cm。
王冠と獅子（ナソー公爵家）を配した環。鍵の歯は
「Nassseau」の頭文字「N」で飾られている。
揃いの剣差し。個人蔵。

CLEFS DE CHAMBELLAN
XVIE SIÈCLE – 1918

侍従の鍵
16世紀〜1918年

♪ 鍵のタイプ

回転させる鍵

名誉としての鍵：勲章のようにデザインされていることがある。

♪ 特徴と装飾

剣差しとお揃いであることが明らかにわかる場合がある（p140）。

材質：18世紀半ばまで錬鉄製で金箔を被せたものも認められたが、1750年頃には、金箔を
　　　被せた青銅製になる。金や銀でつくられた鍵はまれ。

サイズ：10.5 〜 21cm。

環／持ち手：常に徽章や君主のモノグラムで豪華に装飾されている。会員の地位を象徴的
　　　　　に示すため、絹のバラ結びで飾られていることもある（p150、155）。

つば：装飾されている。

鍵の歯：18世紀半ばまで、ドアの開閉がしやすいように鍵の歯は頑丈にできていたが、その
　　　　後、装飾の一部になる。歯がまったくない場合もある（p157）。

軸：空洞のものと空洞でないものがある。空洞でない軸の多くは、先に球がついている。

♪ 歴史

金箔を被せた侍従の鍵は、ことさら魅力に満ちている。その輝きは過去の王国と家系を彷彿させることから、現在、収集家の垂涎の的で、コレクションは自慢の種になる。鍵は侍従の地位を明らかに示し、通常、直接身につける。侍従は君主のプライベートな部屋に入ることを許可されていた。もともと、侍従は鍵を黒いひもで結んで肩の上につけていたが、時代が変わり、17世紀以降は綬や金色のひも、または房とともに右の腰につけるようになった[46]。1624年にさかのぼるオリバーレス伯爵の肖像画（p143）がその例だ。

侍従の鍵の変遷

18世紀中頃まで、侍従の鍵は君主の私室の扉の開閉に使われていた。通常の実用目的の鍵とまったく変わらず、鍵の歯は頑丈で、錬鉄でつくられていた（下）。時には金箔を被せた

侍従の回転させる鍵
18世紀、錬鉄製、長さ19.4cm。90度回転させたC字形のとてもエレガントな環。
立方体のつばには「R」の文字と王冠が彫られている。鍵の歯には開口部があり、
空洞でない軸は先に球がついている。摩耗した跡が認められる。個人蔵。

オリバーレス伯爵の肖像画

1624年頃。スペインの宮廷画家ディエゴ・ベラスケスの作
品。伯爵は、スペイン王フェリペ4世の最初の首相を務め
た。栄えある徽章の間に、輝く侍従の鍵を服の上につけ
ている。サンパウロ美術館（ブラジル）。

鍵もあった。

1750年頃になってようやく金箔を被せた青銅製の鍵がつくられるようになる。ただし、実際に使用されることはなく、純粋に栄えあるシンボルと見なされた。シンプルな鍵の歯から、それがよくわかる。反対に、環は高位と権力のシンボルとして豪奢を極め、徽章や君主のモノグラムで飾られることが多かった。今日、こうした装飾の意味を読み解くことは容易でない。

19世紀、侍従の鍵は時として一種の勲章になり、徽章と同じく表側は装飾で、裏は平らになる。ロシア皇帝ニコライ1世（在位1825～1855年）のふたつの鍵は、侍従の鍵と、おそらく貴族の女性がもっていた小型の鍵だと思われる。これらの鍵の重要性は、環ではなく鍵の歯にある。環は紋章学的に凝ったつくりで、君主のイニシャルがモノグラムとなって配されているが、鍵の歯の「X」はロシア帝政派の最高位、聖アンドロス十字に関連している可能性がある。裏は平らで、鳩目が4つついていることから、これらの鍵は一種の勲章のようなものだったと結論づけられる（p155）。

侍従の務め

君主はその称号とあわせて、侍従に自分の豪華な私室に入る権利を象徴する黄金の鍵を渡した。1894年にさかのぼるドイツの古いブロックハウス百科事典にもそう書いてある。侍従の鍵の授与がヨーロッパ全宮廷の習慣だった時代のことだ。もともと侍従の仕事は、控えの間にいる君主の手伝いをすること、着替えの時に仕えること、四輪馬車や馬で散歩や旅行のお供をすることだった。さらには、陳情書を受領すること、私的な謁見を願い出る人物の来訪を伝えること、食卓で肉を切ることも行った。依頼があれば、君主の妻に仕えたり（賭けごとのお供をするなど）、伝令の役割を仰せつかることもあった。別の宮廷に赴き、伝言、お祝い、お悔やみ、その他のあらゆる種類のあいさつが侍従に託されたものだった[47]。

だれもがうらやむ名誉のしるし

侍従の鍵は、みながうらやむ名誉のしるしでもあった。実際、鍵はヨーロッパの全宮廷や、枢機卿のもとで使われた（p151）。侍従の位が同時に複数の人物に与えられる場合があり、同種類の鍵が複数存在するのはそのためだ（すべての収集家が知っておくべき重要な事実）。

18世紀、ウィーンの宮廷では、侍従の栄えある称号は任命された大量の侍従の代表として侍従の不特定の人に授与されることがよくあった。このようにして、1736年、娘マリア・テレジアの結婚に際して、ローマ皇帝カール6世はロレーヌの貴族168人を侍従に同時に任命し、他方、マリア・テレジアは治世中、2005人に侍従の称号を授与した。なお、これらの情報は、侍従ヴィルヘルム・ピクル・フォン・ヴィッテンベルクの侍従名鑑『歴史的考察―侍従の発展（*Historischer Rückblick auf die Entwicklung der Kämmererwürde*）』（ウィーン、1903年）に書かれている（著者自身が侍従で、オーストリア＝ハンガリー帝国の宮廷に仕えた）。

侍従の鍵

いずれも18〜19世紀、金を被せた青銅製、実物大。左の鍵は王冠とモノグラムで飾られた環をもつ。左の鍵の「MJ」は初代バイエルン国王マクシミリアン1世（在位1806〜1825年）のモノグラム。中央の鍵は非対称のロココ様式の環をもつ。鍵の歯にモノグラム「CW」。右の鍵はモノグラム「CT[バイエルン選帝侯カール・テオドール、1724〜1799年]」の入ったバロック様式の環。いずれも個人蔵。

偉大な芸術家も、この称号を授与される名誉に浴している。その例が、スペインの宮廷画家ディエゴ・ベラスケスで、1643年、フェリペ4世により侍従に任命されている。しかし、宮廷生活はライバル意識と嫉妬が渦巻いていたため、当時この任命は非難の対象になった[48]。

プロシアの宮廷では、侍従の任命は任命書の形式をとって授与された。侍従長の配下で侍従は、君主に仕えることと、式武官の下で儀式上の務めを果たすことのふたつの異なる任務を遂行する。仕事をする時は、儀式用の宮廷で指定された制服（金の刺繡を施した礼服に半ズボン、絹の長靴下、留め金のついたかかとの低い靴、羽根飾りのついた帽子、剣）を身につけた。名誉を象徴する黄金の鍵は腰の位置だ。

プロシアでは、侍従の任命は年齢によって規定され、任命されるには満36歳でなければな

侍従の鍵（イタリア）

17世紀末、錬鉄製、長さ12cm。金箔を被せた環、ミラノ公国ヴィスコンティ・スフォルツァ家の紋章。ル・セック・デ・トゥルネル博物館。

らなかった。この決まりは、新しい侍従の任命が、将来、連隊長に任命される可能性につ
ながっていたからだ[49]。ハプスブルク家に特有の慣習として、公的な喪の期間中、鍵の縁、
軸、歯は黒く塗られていた。徽章のある環の中央だけが、黄金の輝きをとどめていたという。
ウィーンにあるホーフブルク宮殿の会計室には、黒く塗られたふたつの鍵が展示されている[50]。
そのうちのひとつは、皇后マリア・テレジアとその長男ヨーゼフ2世（在位1765 ～ 1790年）の
侍従の鍵だ。

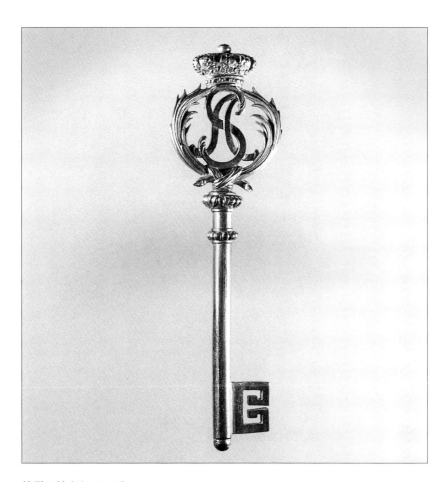

侍従の鍵（ポーランド）

18世紀、金箔を被せた青銅製、長さ17.5cm。環に王冠とモノグラム「SA［スタニスワフ・
アウグスト、1732 ～ 1798年］」。ル・セック・デ・トゥルネル博物館。

侍従の鍵（スペイン）

19世紀、金箔を被せた青銅製、長さ16.5cm。
ユリの花、塔、獅子をかたどった環、つばにモノ
グラム「R」。大英博物館。

侍従の鍵（スウェーデン）

18世紀、金箔を被せた青銅製、長さ18cm。
王冠、2頭の獅子、渦形装飾で飾られた環、
装飾された軸。大英博物館。

歴史をたどる

今日、侍従の鍵の歴史は、ごく少数の人を除いて知られていない。150ページに掲載した貴重な鍵がその例だ。鍵を所有するアクセル・アウグスト・ルース・アフ・イェルムセーテル（1797～1869年）はスウェーデン国王の宮廷の侍従だった。3人のスウェーデン国王カール14世（在位1818～1844年）、オスカル1世（在位1844～1859年）、カール15世（在位1859～1872年）に仕えたこの侍従の歴史は、すばらしいというほかない。彼の所有した鍵は、金の輝きと艶消しの双方の効果を繊細に生かした環だけでなく、薄青の絹のバラ結びも注目に値する。これは彼が王立熾天使騎士団のメンバーだったことの証しだ。

20世紀に入ると王政の大半は廃止され、高位と権力の象徴であった侍従の鍵も姿を消したが、最後の鍵が1918年まで使用されていたことがわかっている。

ブランデンブルク選帝侯ゲオルク・ヴィルヘルム
1620～1630年頃。クリスペイン・デ・パッセによる版画。

149

侍従の名誉としての鍵（スウェーデン）

1820年頃、金を被せた青銅製、実物大。
スウェーデン国王の宮廷の侍従、アクセル・
アウグスト・ルース・アフ・イェルムセーテル
の所有。凝ったつくりの環、薄青の絹のバ
ラ結び（王立熾天使騎士団の色）。個人蔵。

侍従の鍵（ドイツ）

18世紀、金を被せた青銅製、長さ21.2cm。環には選帝侯帽と紋章、モノグラム「MJ」、裏にはモノグラム「MA」が刻まれている。おそらくバイエルン選帝侯マクシミリアン3世ヨーゼフ（1727～1777年）と妻マリア・アンナを示す。

侍従の鍵

いずれも18世紀、金を被せた青銅製。王冠を頂き、バンベルクおよびヴュルツブルク司教の紋章を模した環。左の鍵は長さ16.1cm。歯にモノグラム「FL（フランツ・ルートヴィヒ・フォン・エルタール、1779～1795年）」とある。右の鍵は長さ16.2cm。モノグラム「FC（フリードリヒ・カール・フォン・シェーンボルン、1732～1746年）」と刻まれている。いずれも大英博物館。

侍従の名誉としての鍵（オーストリア）

いずれも18〜19世紀、金を被せた青銅製。双頭の鷲を配した環。左の鍵は長さ18cm、モノグラムは「FI（フェルディナント1世、在位1835〜1848年）」。右の鍵は長さ18.2cm、モノグラムは「MT（マリア・テレジア、1717〜1780年）」。いずれも個人蔵。

侍従の鍵（オーストリア）

18世紀、金を被せた青銅製、長さ18.5cm。紋章の入った環、モノグラムは「MT（マリア・テレジア、1717～1780年）」。個人蔵。

侍従の鍵（バイエルン／ドイツ）

19世紀末、金を被せた青銅製、長さ17cm。バイエルンの紋章の入った環。鍵の歯は装飾用。個人蔵。

侍従の鍵

いずれも18世紀、青銅製、実物大。選帝侯帽とモノグラムの入った環。左の鍵はマインツ選帝侯。モノグラムは
「JFC（ヨハン・フリードリヒ・カール・フォン・アシュタイン、在位1743〜1763年）」。右の鍵はライン選帝侯。裏
面にモノグラム「AELF」、鍵の歯にマルタ十字。いずれも大英博物館。

侍従の鍵（ロシア）

いずれも19世紀、金を被せた青銅製、実物大。つば、軸、鍵の歯はふんだんに飾られているが、裏面は平ら。
左の鍵はロシア皇帝ニコライ1世（在位1825〜1855年）の紋章が目を引く。右の鍵は同時代の女性用の鍵。
いずれもバーゼル歴史博物館。

侍従の鍵（バイエルンとデンマーク）

いずれも金を被せた青銅製、実物大。左と中央の鍵は18世紀バイエルンのもの。環に選帝侯帽、バイエルンの紋章、モノグラム「FR」、王冠をもつ。右の鍵は19世紀デンマークのもの。環にモノグラムと王冠。いずれも個人蔵。

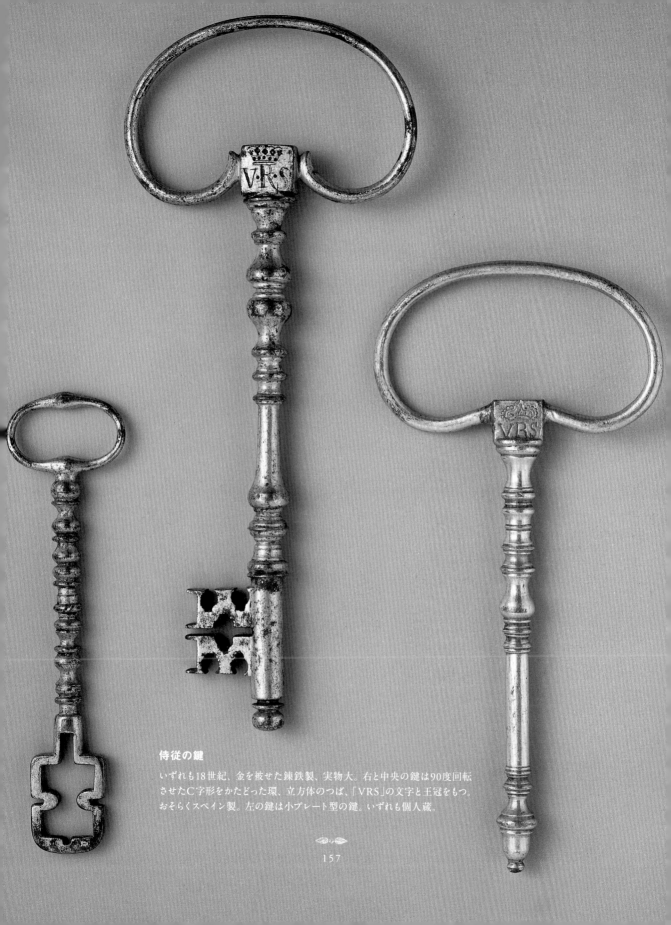

侍従の鍵

いずれも18世紀、金を被せた錬鉄製、実物大。右と中央の鍵は90度回転させたC字形をかたどった環、立方体のつば、「VRS」の文字と王冠をもつ。おそらくスペイン製。左の鍵は小プレート型の鍵。いずれも個人蔵。

バロック様式の回転させる鍵

1750年頃、錬鉄製、実物大。ロカイユ［ルイ15世時代に流行した渦巻き形の曲線模様］のC字形で飾られた環、球形のつば、バラスター型の軸、断面がオメガ形の鍵の歯。軸（空洞になっていない）の先が樽の栓の形をしている。個人蔵。

Clefs baroques et rococo
XVIIe et XVIIIe siècles

バロック／ロココ様式の鍵
17〜18世紀

鍵のタイプ
回転させる鍵
マスターキー
小プレート型または「コルドリエ風」の鍵

特徴と装飾
材質：鍵は錬鉄製。ロココ期に青銅と真鍮でつくられた環が登場する。
サイズ：5〜25cm。
環／持ち手：バロック様式とロココ様式で異なる。

*バロック様式の環は、ロカイユのC字形、葉むら、幾何学形の組みあわせ模様、S字カーブを描く曲線、相対するイルカなどがおもな装飾。時とともに相対するイルカは様式化され、「カエルの脚」と呼ばれる形態に発展する。このモチーフは17世紀末に登場し、18世紀末まで続く。また、ドイツ語圏諸国では、シンプルなリング状の環になっている場合がある。

*ロココ様式の環は、非対称の装飾が多い。縁が波打ったロカイユ、花または寓意に基づく装飾、S字カーブを描く曲線、モノグラム、紋章、王冠などのモチーフが主流を占める。金を被せた青銅製金具のついたライティングデスク、たんす、ショーケースに、青銅製の環で飾られたシンプルな鍵がついている。

つば：バロック期を通じて、球形のつばが特徴。モールディング状の装飾を伴うことが多い。

鍵の歯：鍵の歯には開口部と窓がある。バロック期には、一般に先が突き出ているが、ロコ
　　　　コ期には平たくなる。

軸：空洞のものと空洞でないものがある。空洞の場合は、ルネサンス期と同様に、断面は丸
　　や、「溝を彫った尖頭アーチ」と呼ばれる脇がへこんだ三角形、三つ葉、四つ葉、星など
　　多彩な形をしている。空洞でない場合は、通常、先がボタンまたは樽の栓のような形を
　　している。ロコ期には、バラスター型、ねじり線または溝を彫った柱型の軸が流行した
　　（p168、170）。

歴史

バロック期は1600年頃にはじまり、1780年にロココ期に移行する。ルネサンス期と同様に、
新しいスタイルへと突き進む強い衝動はイタリアに由来する。

バロック期を代表する建築・装飾の名匠は、有名な画家、彫刻家、芸術家のジャン・ロレン
ツォ・ベルニーニ（1598～1680年）。半世紀にわたり、ベルニーニはローマの芸術界に君臨し
た。なかでも、教皇ウルバヌス8世の依頼で建てたローマのサン・ピエトロ大聖堂前の列柱
廊と、祭壇の上にそびえる巨大な天蓋は名高い。ベルニーニの作品、特に大理石製の彫刻
は、バロック芸術の開花に決定的な役割を果たした。

この新しいスタイルは、すぐさまフランス、オランダ、ドイツ、オーストリア、スイス、そして北
欧、東欧に広まり、その影響はスペインとポルトガルを通じて南米にまで達した。フランスで
は、バロック様式がルイ13世（在位1610～1643年）とルイ14世（在位1643～1715年）の治世
下で発展し、続く摂政時代は、バロックからロココへの移行期（1710～1723年）に相当する[51]。

バロック期の芸術と建築

もともとバロックは、「歪んだ真珠」を意味するイタリア語の「barocco」や、ポルトガル語の
「barrocco」から派生した、いびつで一風変わったものを指すネガティブな言葉だった。今
日、バロックといえば、美術史上、芸術と建築におけるヨーロッパ最後の絶頂期を指す。

ドイツ、オーストリア、スイス、スロバキア、チェコで特に流行し、教会、修道院、城、邸宅、
公園、庭にバロック様式の特徴（過剰な装飾、絵画や彫刻装飾と建築の融合、躍動感と明暗の
コントラストがもたらす効果）があらわれている。

p161：バロック／ロココ様式の回転させる鍵

いずれも17～18世紀、錬鉄製、実物大。ロカイユのC字形で飾られた環、球形のつば、軸（空洞ではない）
の先がボタン状になっている。中央上の鍵は非対称形の環のついたロココ様式の鍵。いずれも個人蔵。

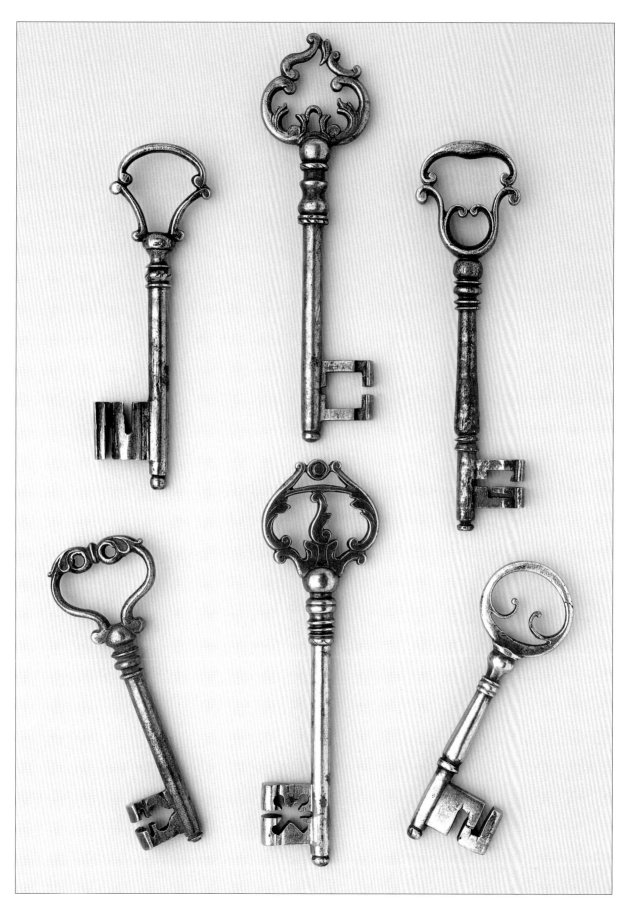

バロック様式の回転させる鍵

いずれも18世紀、錬鉄製、実物大。
リング状の環、球形のつば、空洞の
軸。鍵の歯には十字形と星形の窓が
空いている。いずれも個人蔵。

バロック様式の鍵は、ふたつの点で他と区別される。ひとつは環の装飾、もうひとつはモールディングで飾られた球形のつばだ。ロカイユのC字形は最もよく見られるモチーフで、葉むら、幾何学形の組みあわせ模様、相対するイルカがそれに続く。持ち手がごくシンプルなリング状の鍵もあり、その場合、常につばは球形だ（p162）。

ロココの喜び

ロココ様式の最盛期は1720年頃で、バロック様式最後にあたるこの時期、スタイルはより軽やかになった。室内にこの様式が取り入れられ、自由気ままで繊細な装飾があふれる。主なモチーフはロココの語源でもある、縁が波打った「ロカイユ」。飾りは花と寓意に満ち、S字カーブ、モノグラム、紋章、王冠などがおもなモチーフだ。基本は非対称形で、鍵の環のデザインにも直接の影響が認められる（p168）。

フランスでは、ルイ15世様式（1724 ～ 1755年頃）、ルイ16世様式（1755年以降）がロココに含まれるのに対し、ドイツ、オーストリア、スイスでは、ルイ15世様式のみがロココに相当する。他方、英国でロココ様式は、有名な装飾家であり、家具職人のチッペンデール（1720 ～ 1780年）の名にちなんだ「チッペンデール様式」へと発展する[52]。

ロココの絶頂期、金を被せた青銅の金具とべっ甲のはめ込み細工の豪華な家具が流行するにつれ、鍵はある意味、衰退する。新スタイルを推進したのは、パリ出身の職人アンドレ・

鍵を下から垂直に見たところ
左から右へ「溝を彫った尖頭アーチ」、三つ葉形、三角形の断面。

バロック様式の鍵

いずれも17世紀、錬鉄製、実物大。
「カエルの脚」形の環。つばは明確に
区別され、空洞の軸の断面はさまざ
ま。鍵の歯には細い切り込みが入って
いる。右の鍵には鍵と対応する保護用
の筒がある。いずれも個人蔵。

シャルル・ブールフランス（1642～1732年）だ。錬鉄製の鍵は、流れるようなデザインのエレガントなライティングデスクやたんすやショーケースには不向きで、青銅製の環のついたごくシンプルな小さい鍵に代わられた。こうした経緯にもかかわらず、錬鉄でつくられた鍵もあり、多くの場合、鍵の歯はシンプルな形をしていた（p168右）。

マスターキー

17世紀半ば、バロックの時代には、複数の錠前、したがって複数の扉を解錠することのできる、歯がふたつある鍵が流行する。

この鍵は、フランス国王アンリ2世が発明したと伝えられている。なんでも、アネの城にいる愛妾ディアーヌ・ド・ポアチエのもとを、マスターキーを使っておしのびで訪れていたのだそうだ。錠前にはそれぞれ固有の鍵が存在したが、マスターキーの歯はおおまかにカットされており、異なる錠前の障害物を通り抜けることができた。おもなマスターキーは以下のとおり。

* 1本の軸の両端に上下互い違いに固定されたふたつの鍵の歯がある。環のないもの、スライド式、タンバリンや蝶をかたどった環なども見られる（p166）。
* いくつもの鍵の歯がある。それぞれに軸があり、ドラム型のヒンジとつながっている。
* 鍵束になっている。

小プレート型または「コルドリエ風」の鍵

このタイプの鍵は「押し棒式」または「頭巾形」とも呼ばれ、ローマ時代にすでに存在していた（p44）。12～13世紀にヨーロッパに広がり、アラブ諸国やチベットでも南京錠として使用されていた（p167）。

小プレート型の鍵は、回転するのではなく、垂直に動くことで鍵をかけたり開けたりする。錠前の穴（逆さになったT字形）に水平に差し入れ、かけ金を持ち上げるのだ。

「コルドリエ風」という名称は、フランシスコ会修道士が腰に巻いていた3つの結び目のある帯縄（コルドリエ）に由来する。修道士は僧房の扉に鍵を置いていた。同じ理由で「頭巾形」とも呼ばれている。

小プレート型のローマの鍵（1～3世紀）はブロンズ製。中世とバロック期のものは錬鉄製だった。

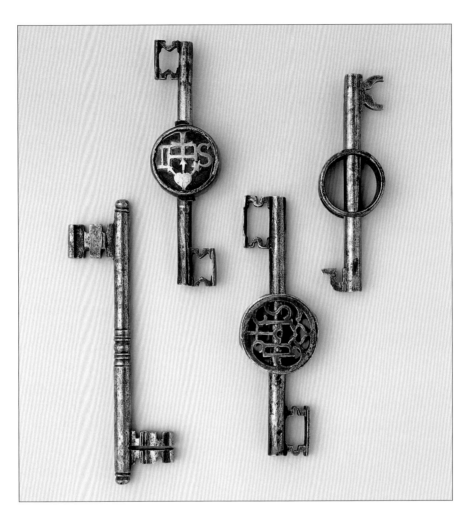

マスターキー

いずれも17〜18世紀、錬鉄製、長さ12〜15.5cm。スライド式の環、空洞の軸、上下互い違いにふたつ
の鍵の歯がある。左上と右下の鍵はタンバリン形の環のある教会の鍵。「IHS」というイニシャルがモノグ
ラムのように彫られている。空洞の軸。左下の鍵は空洞になっていない軸をもつ。いずれも個人蔵。

小プレート型の鍵

いずれも18世紀、錬鉄製。左上の3つの鍵は長さ8〜9.8cm。「コルドリエ風」、「押し棒式」、「頭巾形」と
もいう。右下の鍵は長さ15cm。小プレート型の鍵。チベットの修道院のための錠前とセットになっている。
いずれも個人蔵。

ロココ様式の回転させる鍵

いずれも18世紀後半、錬鉄製、実物大。非対称の環。左の鍵は葉むらで飾られた真鍮の環、中央の鍵はロカイユのモチーフの環と透かしの入ったつば、右の鍵は葉むらと鳥で飾られた環とバラスター型の軸（空洞になっていない）をもつ。いずれもドイツ鍵・建具博物館。

168

結婚の鍵

18世紀、錬鉄製、フランス製、長さ13 〜 17.2cm。楕円形の環の中央に、ハートのモチーフがあしらわれ
ている。円形のつば、空洞の軸、十字形の開口部のある鍵の歯をもつ。いずれも個人蔵。

チェストの鍵

いずれも18世紀、錬鉄製、フランス製、長さ14.5〜18.5cm。さまざまなモチーフで飾られた楕円形の環、
球または円形のつば、空洞の軸、十字形の開口部のある鍵の歯。左の鍵はねじり線で飾られた軸をもつ。
いずれも個人蔵。

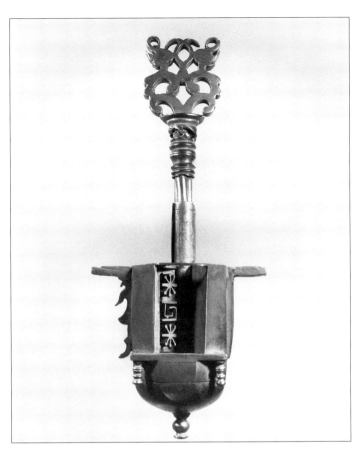

ドームと鍵

バロック期初期、錬鉄製。銅によるロウづけ。セキュリティ向上のため、「ドーム」を備えている。円筒形のボックス型ウォードのなかには同心円状のウォードとピンがあり、鍵の歯はこのウォードを「通り抜ける」必要がある。個人蔵。

バロック様式の鍵

いずれも18世紀、錬鉄製。葉むらで飾られた環、空洞の軸、さまざまな形の窓のある鍵の歯。左の鍵は凝ったつくりの透かし入りのつば、中央の鍵はモノグラム「AVB」の入った環と球形のつばをもつ。いずれも個人蔵。

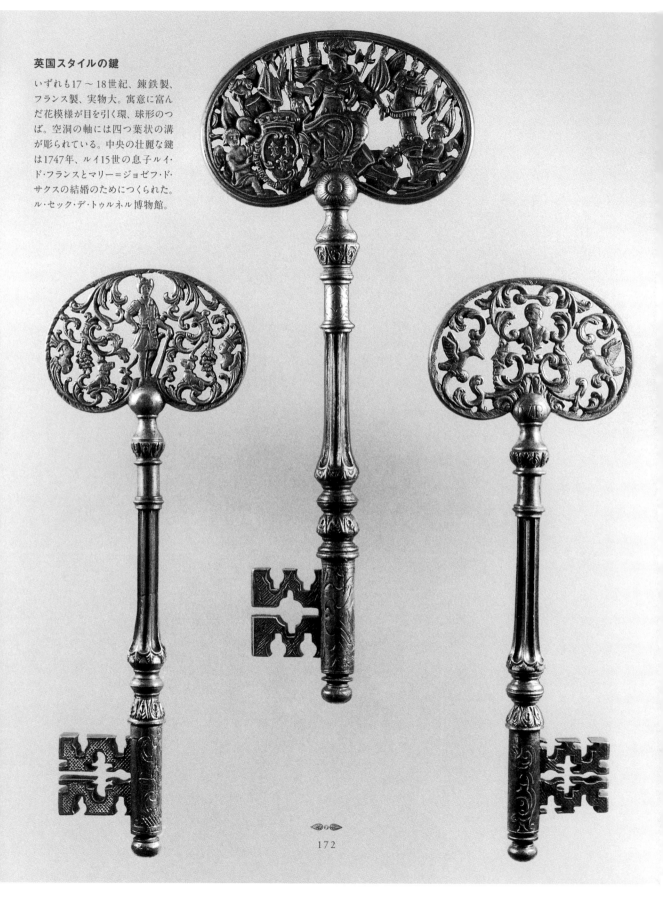

英国スタイルの鍵

いずれも17〜18世紀、錬鉄製、フランス製、実物大。寓意に富んだ花模様が目を引く環、球形のつば。空洞の軸には四つ葉状の溝が彫られている。中央の壮麗な鍵は1747年、ルイ15世の息子ルイ・ド・フランスとマリー＝ジョゼフ・ド・サクスの結婚のためにつくられた。ル・セック・デ・トゥルネル博物館。

名匠の手によるドームとふたつの鍵 (ニュルンベルク／ドイツ)

1675年。バーソロミュー・ホパート作。美しく装飾されたドーム。鍵は鉄製で、
凝ったつくりの環と球形のつばがあり、空洞の軸には四つ葉状の溝が彫られて
いる。窓のある鍵の歯。ドレスデン国立美術館、武具コレクション (ドイツ)。

名匠の手によるドームとふたつの鍵（ニュルンベルク／ドイツ）

いずれも1675年、スチール製、実物大。バーソロミュー・ホパート作。ドーム（p175）は寓意に富んだモチーフでふんだんに装飾されている（ローマ神話の火と鍛冶の神ウルカヌスが載っている）。凝ったつくりの環、球形のつば、7本の溝が彫られた空洞の軸とピン、迷路のような鍵の歯。いずれもドレスデン国立美術館、武具コレクション。

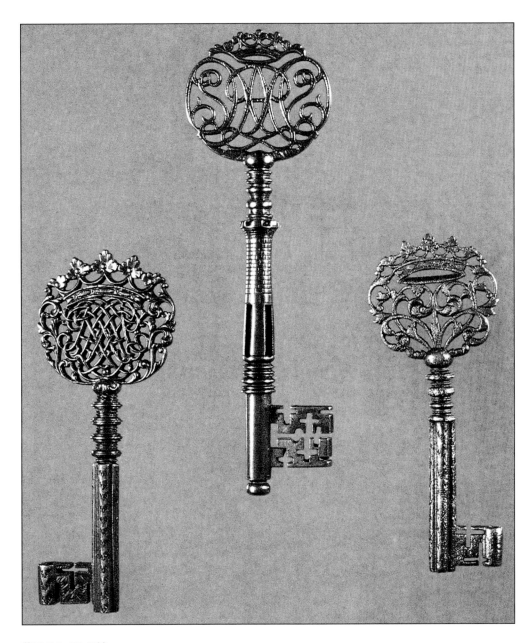

英国スタイルの鍵

いずれも18世紀初期、美しく彫刻されたスチール製、実物大。モノグラムと王冠で飾られた環。球形のつばの下にリングが連なり、空洞の軸にも装飾が施されている。中央の鍵はバラスター型の軸（空洞ではない）をもつ。いずれも個人蔵。

CLEFS DITES "ANGLAISES"

FIN DU XVIIᵉ – DÉBUT DU XVIIIᵉ SIÈCLE

英国スタイルの鍵
17世紀末～18世紀初期

⚷ 鍵のタイプ

回転させる鍵

⚷ 特徴と装飾

材質：美しく彫刻され、縄編み文様をあしらったスチール製。

サイズ：5 ～ 18cm。

環／持ち手：平たい環に透かし彫りが施され、ハート形、紋章、組みあわせ模様で飾られている。時に王冠を頂いている。

つば：球形のつばの下にリングがいくつも連なっている。多くの場合、球には刻印が押されている（p181～182）。

鍵の歯：細い開口部があり、先が広がっている。

軸：空洞のものと空洞でないものがある。バラスター型、溝、ねじり線、透かしなど、さまざまな装飾が盛られている。軸は常に鍵の歯よりも先に突き出ている。空洞でない軸は、先端が球または樽の栓の形をしている。空洞の軸の断面は実に複雑な形状だ（p182～183）。

⚷ 歴史

17世紀末頃、装飾と芸術のクオリティが重んじられたことから、新しいタイプの鍵が英国に登場する。鋼（はがね）を裁断する新技術によって、かつてなく洗練された装飾を鍵に施すことができるようになった。美しく彫刻し、透かしを入れた環には葉むら、紋章、イニシャル、モノグラムなどのモチーフを配し、時には王冠を頂いていることもあった。つば、軸、鍵の歯は、

英国スタイルの鍵

いずれも18世紀初期、スチール製、ほぼ実物
大。美しく彫刻され、縄編み文様があしらわ
れている。凝ったつくりの環、球形のつば。上
段の鍵は、ねじり線または溝のある軸（空洞で
はない）をもつ。下段の鍵は、ふんだんに装飾さ
れた空洞の軸が特徴的。いずれも個人蔵。

レース、ぎざぎざ、モールディングなどで過剰なまでに美しく飾られている。鋼の裁断技術の進歩は金属の芸術的な加工を可能にし、のみ、やすり、のこぎり鎌などの工具が活躍した。

これらの軽くて美しい鍵は頑丈で、ライティングデスク、たんす、戸棚、扉などの開閉にも用いられた（p180）。とりわけ高級家具職人たちに重宝された鍵は、ブリテン諸島にとどまらず、ヨーロッパ大陸でも需要が高まる。こうして「英国スタイル」と称される鍵は、まさに重要な輸出品になった。

英国スタイルの鍵は、フランスで同様の鍵をつくる時のモデルになったため、製造された国を特定するのはとても難しい。

英国スタイルの鍵はバロック期に重なることから、この種の鍵のほとんどすべてに、特徴的な球形のつばが認められる。181ページに掲載した鍵のように、つばに刻印が押されているもの、鍵の歯と軸の断面が非常に複雑なものがある。18世紀、英国の侍従の鍵は同様のモデルに従ってつくられ、環は君主のモノグラムや王冠で飾られた。金を被せ彫刻された鍵は、実に美しい。鍵をこよなく愛する人は、ロンドンの大英博物館で、宝石のごとく豪華な鍵のコレクションを鑑賞することができる。

イギリス宮廷のエピソード

ピーター・フィリップスは錠前と鍵について書いた冊子で、次のような逸話を伝えている。当時、引っ越しをする際、家主は貴重な錠前をはずして持ち去る習慣があった。これが、アン女王とマールボロ公爵夫人との間のけんかの種になる。セント・ジェームズ宮殿内の一室を退去するよう求められた時、マールボロ公爵夫人は豪華に装飾された錠前を持っていってしまった。住人のいなくなった部屋を訪れた際、これに気づいた女王は「大変ご機嫌を損ねられた」とのことだ。

寝室の英国スタイルの錠前と鍵

1695年頃、ほぼ実物大。スチール製の青いプレートに、真鍮で装飾モチーフ（ウェールズとスコットランドをあらわす）が彫られている。錠前の下部（拡大写真はp179に、「ヨハネス・ウィルクス・ド・バーミンガム作」と錠前師の名前が刻まれている。個人蔵。

英国スタイルの鍵

18世紀初期、スチール製、実物大。美しい彫りものや縄編み文様が施されている。ハート形と王冠を配した環、刻印を押した球形のつば。空洞の軸と鍵の歯もふんだんに装飾されている。個人蔵。

マリー・ド・メディシスの鍵

17世紀初期、スチール製、実物大。フランス国王アンリ4世の妃マリー・ド・メディシス（1573～1642年）のものとされる。美しい彫りものや縄編み文様が施され、環の上部に怪人の面、その上に王冠が載っている。球形のつば。空洞の軸には溝があり、透かし入り。個人蔵。

英国スタイルの鍵

いずれも18世紀初期、スチール製、実物大。美しい彫りものや、凝ったデザインの環にさまざまなモチーフがあしらわれている。軸（空洞ではない）はそれぞれ、球形のつば、連なったリング、溝、ねじり線などで飾られ、先が球または樽の栓の形になっている。開口部のある鍵の歯。いずれも個人蔵。

なめし革製造者組合の鍵（ベルン／スイス）

1750年頃、錬鉄製、長さ12.7cm。ユリの花で飾られた環、円形のつば、窓のある鍵の歯、空洞の軸。
右は「なめし革製造者組合：主要錠前用」と書いてある革製の札。個人蔵。

CLEFS MASSIVES DE COFFRES EN FER
XVIIE ET XVIIIE SIÈCLES

重厚なアイアンチェストの鍵
17〜18世紀

♪ 鍵のタイプ
回転させる鍵

♪ 特徴と装飾
材質：錬鉄製。

サイズ：9 〜 18cm。

環／持ち手：大きくて頑丈な環。装飾されていることもある。

つば：円形または六角形。モールディングがあしらわれている。

鍵の歯：鍵の歯はとても大きく、多くの場合、ラテン十字形や星形の窓が空いている。

♪ 歴史
17 〜 18世紀、貴族や裕福な商人、同業者組合は、お金や宝石、大切な書類を鉄製のチェストに入れ、鋲を打ったベルトで縛って保管していた。この櫃は、「ニュルンベルクのチェスト」または「海軍のチェスト」として知られているもので、ドイツの錠前師が得意としていた。

通常、鍵穴は専用の金具で隠してあり、チェストを開けるには、大きな鍵を蓋の中央に挿入しなければならない。鍵をまわすと、蓋に固定されたドーム内の複数のボルトが同時に動く。ボルトの数は20を超えることがある。

この複雑なメカニズムは、カッティングや彫刻を贅沢に施したプレートの裏に隠されている。セキュリティ向上のため、チェストの蓋または正面の受け金にかけ金がはまり、南京錠がかかっている。通常、正面には偽の鍵穴がある（p186）。

これらの鍵にかかるねじりの負荷はとても大きいため、とりわけ頑丈につくる必要がある。チェストを開けるのは容易でなく、小さな鉄のレバーを環に通して鍵をまわさなければならない。ドーム内で繰り返し回転すると、鍵の歯の先が摩滅する。189ページの右の鍵がその例だ。チェストにふさわしいこれらの鍵は、その大きさと美しさで人を惹きつける。くっきりとカットされた鍵の歯の窓はラテン十字形や星形が多く、鍵の装飾性を一段と高めている。そのクオリティゆえに、重厚なアイアンチェストの鍵は愛好家の垂涎の的だ。

書類用チェスト
17世紀、錬鉄製。ブロンズ風に仕上げた小バラ模様と紋章で飾られ、紋章の下に偽の鍵穴がある。開いた蓋から、16か所で鍵のかかるボルトのメカニズムが見て取れる。ベルン歴史博物館。

重厚なアイアンチェストの鍵

いずれも18世紀、錬鉄製、長さ9.5～
15.5cm。エレガントな環、円形と八角
形のつば、十字形と星形の窓のある鍵
の歯、空洞の軸。いずれも個人蔵。

重厚なアイアンチェストの鍵

いずれも18世紀、錬鉄製、長さ12～
17cm。装飾を施した環、円形のつば、
十字形と星形の窓のある鍵の歯。中
央の鍵は「カエルの脚」の形をした環
をもつ。いずれも個人蔵。

重厚なアイアンチェストの鍵

17世紀、錬鉄製、ドイツ製、実物大。
「カエルの脚」の形をした環、リングの
連なったつば、3つの星形とふたつの
十字形の窓がある大きな鍵の歯、空
洞の軸からなる豪華な鍵。個人蔵。

重厚なアイアンチェストの鍵

いずれも1750年頃、錬鉄製、長さ12.2～15.5cm。エレガントな環、八角形と円形のつば、十字形と星形の窓のある鍵の歯、空洞の軸。中央上の鍵は、鉤形の小さな鍵（中央下）を付属する金庫用。この小さい鍵はアイアンチェストのシャッターを開けるのに使う（シャッターの後ろに大きい鍵が隠されている）。いずれも個人蔵。

189

ミステリアスな鍵

18世紀、象牙製、実物大。2羽のクジャク、錨、ハートをかたどった見事な環。
5つの青い石で飾られ、先端に頭蓋骨を彫った軸は取りはずし可能。イニシャル
「BR」が鍵の歯になっている。個人蔵。

CLEFS À DOUBLE FONCTION
XVIIE – XXE SIÈCLE

ふたつの機能を果たす鍵

17〜20世紀

鍵のタイプ

17世紀から20世紀にかけて、錠前師の発明の才と権限により驚くべき創造性が発揮され、通常では考えられないような1本でふたつの機能を果たす鍵が誕生した。

パイプにもなる鍵：歯がパイプの火皿につながっている。一見、奇妙にも思える鍵とパイプの合体により、持ち主は特別な機会にパイプをふかすことができた。同業者組合の古くからの習慣で、試験に合格した錠前師は「名誉の一服」を味わうことが許されたという。同業者組合の鍵（p194〜195）がその例で、木製の持ち手と角形の吸い口がある[53]。

ピストルにもなる鍵：武器と一体化した鍵の形態はさまざまだ（p192）。

火縄銃になる鍵：多くの場合、ドライバーを備えたこの鍵は、火縄銃を向ける時に役立った。

短剣にもなる鍵：鍵の軸に鋭く細い短剣が隠されている。ひとたび抜けば、鋭利な武器に早変わりする（p192）。

印章にもなる鍵：環が鍵の所有者の印章になっている（p195）。

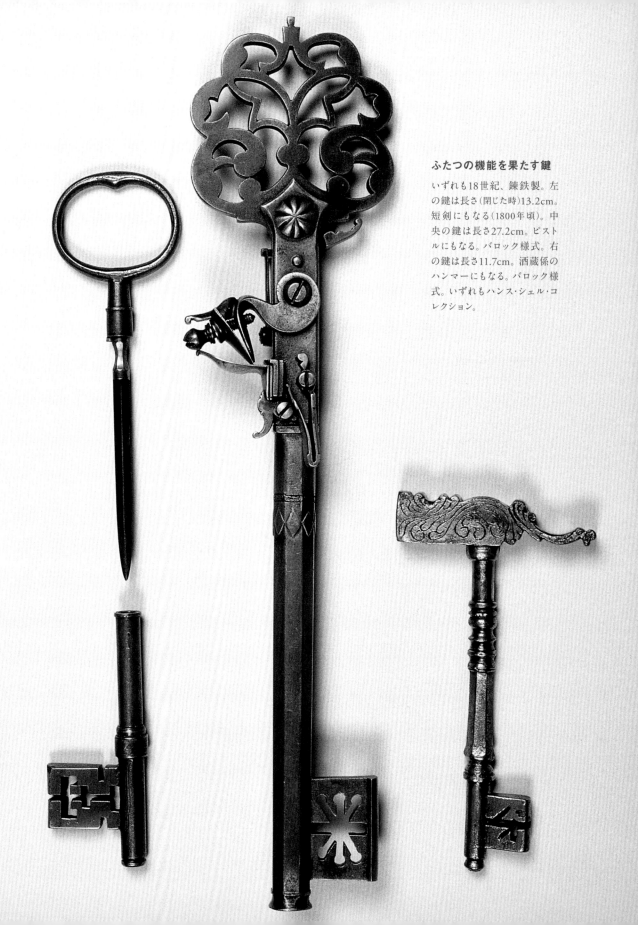

ふたつの機能を果たす鍵

いずれも18世紀、錬鉄製。左の鍵は長さ（閉じた時）13.2cm。短剣にもなる（1800年頃）。中央の鍵は長さ27.2cm。ピストルにもなる。バロック様式。右の鍵は長さ11.7cm。酒蔵係のハンマーにもなる。バロック様式。いずれもハンス・シェル・コレクション。

ハンマーにもなる鍵：樽職人はワイン貯蔵庫の扉を鍵で開けたのち、持ち手をハンマー代わりにして樽をたたくのに使っていた。樽職人は、その音で樽に入ったワインの状態を見極めた（p192）。

メッセンジャーとしての鍵：秘密のメッセージを鍵の軸にしのばせて運ぶことができる。

ミステリアスな鍵：ミステリアスな鍵はさまざまなことを象徴し、メッセージを運ぶこともできる（p190）。2羽のクジャク、錨をハートの周囲に配した環では、それらのすべてを子羊が背負っている。取りはずし可能な軸は青い5つの石で飾られ、先端には頭蓋骨が彫られている。空洞には秘密のメッセージをしのばせることもできる。鍵の歯の「BR」は、おそらく所有者のイニシャルだろう。技巧を尽くし、ことのほか繊細に彫刻された象牙の鍵は、謎に包まれたまま赤い布で覆われ、ケースに収まっている。当然、色にも象徴的な意味があり、青は忠誠、赤は愛をあらわす。19 〜 20世紀には、ほかにも複数の機能を有する鍵が登場した。

コルクの栓抜きにもなる鍵：今日では、かつての機能を失い、象徴的な価値しかなくなった鍵も市場に出まわっており、キッチュな装飾が目につく（p195）。

葉巻切りにもなる鍵：繊細なつくりのこの鍵は、環の丸い飾りに葉巻の先を挿入する。つばに隠されているナイフで葉巻の先をカットするには、鍵を親指と人指し指の間にはさんで、つばを握るだけでよい[54]。

同業者組合のパイプにもなる鍵
18世紀、錬鉄製、オーストリア製、長さ18.7cm。オーストリア帝国の双頭の鷲をかたどった環。ハンス・シェル・コレクション。

同業者組合のパイプにもなる鍵

1800年頃、錬鉄製、長さ14cm。角形の吸い口、
木製の持ち手。ドイツ鍵・建具博物館。

コルクの栓抜きにもなる鍵

20世紀初期、鉄製、長さ（軸に収めた時）18cm。
バロック様式。個人蔵。

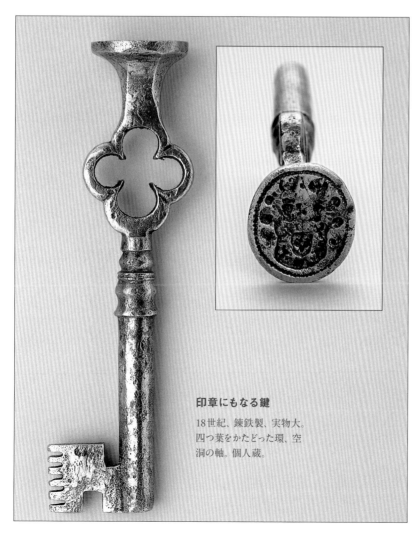

印章にもなる鍵

18世紀、錬鉄製、実物大。
四つ葉をかたどった環、空
洞の軸。個人蔵。

楕円形の環の鍵

18世紀、錬鉄製、実物大。八角形のつば、開口部のある鍵の歯、空洞の軸。
この種の鍵は、特に18世紀に広く使用されていた。個人蔵。

CLEFS DU XVIIIᴱ AU XXᴱ SIÈCLE

18世紀から20世紀の鍵

18世紀末から20世紀初期は手製の西洋鍵の歴史の最終章にあたり、ロココ末期から1900年のアール・ヌーヴォーの時代に重なる。この時期は、一定期間継続して錠前と鍵の製造に影響をおよぼす明確なスタイルが存在しなかった。それでも、美しい鍵（多くの場合、バロック様式）が製造されなかったわけではない。この期間に登場した新たなスタイルに帝政様式があるが、以前と比べてその影響力は限られていた。

手づくりの鍵としては、17世紀にさかのぼる円／楕円形の環、90度回転させたC字形の環、「カエルの脚」形の環が広く流通した。

18世紀から19世紀にかけて再生、いわばルネサンスの時代を迎え、4つから6つの鍵を備えた洗練されたマスターキー（p199）が流行した。3つの鍵を束にするという着想は、この時代の錠前師たちの豊かな想像力を物語っている（p200）。

帝政様式

1800〜1830年、パリを発祥の地とする帝政様式がヨーロッパの隣国にも広まった。ナポレオン1世（1769〜1821年）の治世は、ヨーロッパ史上、特筆に値する。フランスでナポレオンが権力を掌握するにつれ、新様式の家具が誕生した。贅を尽くして、金を被せ彫刻を施した青銅製の金具で飾られ、ちまたにはこれをまねた家具があふれた。帝政様式の装飾の多くは、古代ギリシア・ローマ時代とポンペイの壁画スタイルをインスピレーション源としている。ナポレオンのエジプト遠征（1798〜1799年）を通じて、帝政様式にスフィンクスや女性像や柱頭やロータスをかたどった台座など、エジプトの貴金属のモチーフが取り入れられた。新様式を推進する力は、何よりも家具と、金を被せた青銅製の金具にあらわれていたが、鍵への影響は限られた。201ページに掲載した鍵は、幾何学模様の環を特徴とする帝政様式でつくられている。

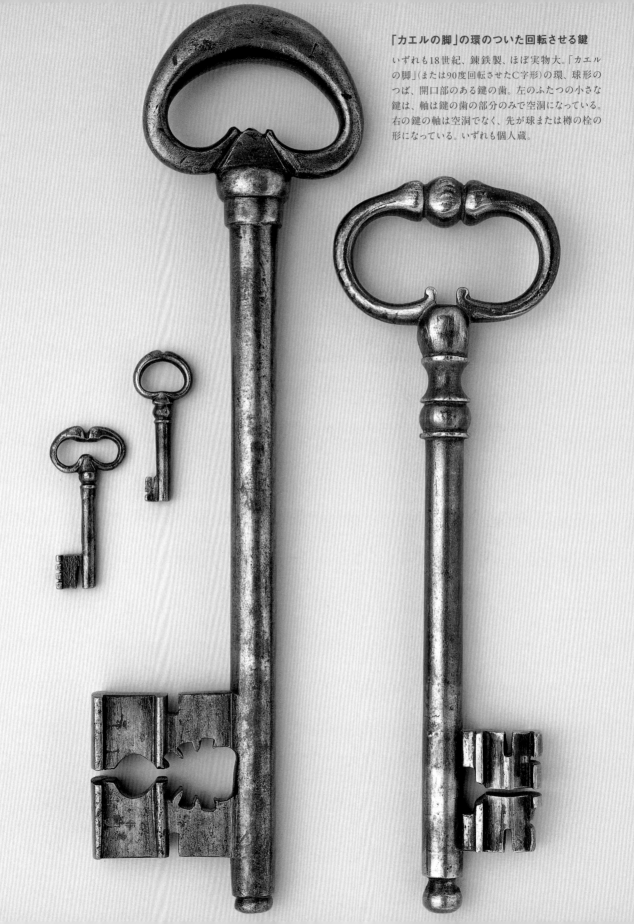

手づくりの鍵の終焉

手づくりの錠前と鍵の消滅は、18世紀末頃に英国ではじまった産業革命によってもたらされた。また、ヨーロッパと米国で登場したセキュリティの高い鍵が大量に出まわったことも影響している。前工業社会では、同業者組合の閉塞的な規則によって錠前師間の競争は禁じられていたが、それが根本的に変わる。

産業革命の発展に伴い、社会構造が根底から変化した。19世紀末、同業者組合が大規模生産に取って代わられたのもそのひとつだ。新たな産業の波により鍵の大量生産が可能になったが、各種工程は依然として職人を必要とした。

その後、錠前の製造は工場生産に移行する。異なる作業工程の分化と機械の導入で生産性は向上し、エネルギー供給源としての蒸気機関の発明は、産業革命の発展過程で重要な役割を果たした。

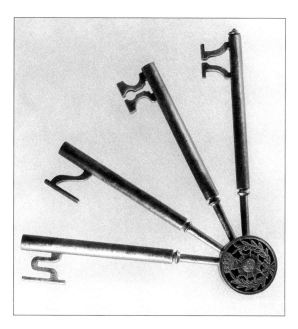

4つの鍵の束

18世紀、スチール製、長さ15cm。4つの鍵がドラム型のヒンジでつながっている。フランスのナポレオン1世が定めたレジオンドヌール勲章の意匠が認められる。4本中、3本の軸は空洞だが、1本は空洞ではない。鍵の歯はおおまかにカットされている。ル・セック・デ・トゥルネル博物館。

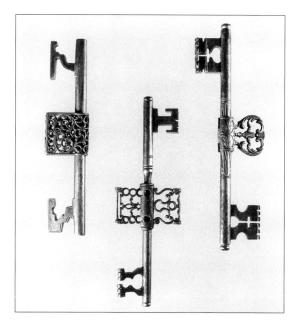

回転させるマスターキー

いずれも18世紀、スチール製、長さ13.5〜15.5cm。スライド式の環には透かしが入っており、「バタフライ形」と呼ばれる。左の鍵は軸が空洞になっている。中央と右の鍵は、軸は空洞でなく、先が球または樽の栓の形になっている。開口部のある鍵の歯。いずれもル・セック・デ・トゥルネル博物館。

鍵の束

いずれも18世紀初期、錬鉄製、実物大。
左の鍵は可動型の3葉の鍵の束、空洞の
軸をもつ。右の鍵はリングつき取っ手のあ
る鍵束。「ベネチアン型」と呼ばれる可動型
の鍵、空洞の軸。いずれもハンス・シェル・
コレクション。

帝政様式の回転させる鍵

19世紀前半、錬鉄製、長さ13.8cm。
幾何学模様の環、立方体のつば、窓
のある鍵の歯、空洞の軸。個人蔵。

帝政様式の鍵

いずれも19世紀前半、錬鉄製、長さ
11 ～ 16cm。左の鍵は幾何学模様の
環、リングの連なったつば、空洞でない
軸、中央の鍵は車輪の形をした環、球
形で下にリングの連なったつば、空洞
の軸、右の鍵は幾何学模様の環、
空洞の軸をもつ。いずれも個人蔵。

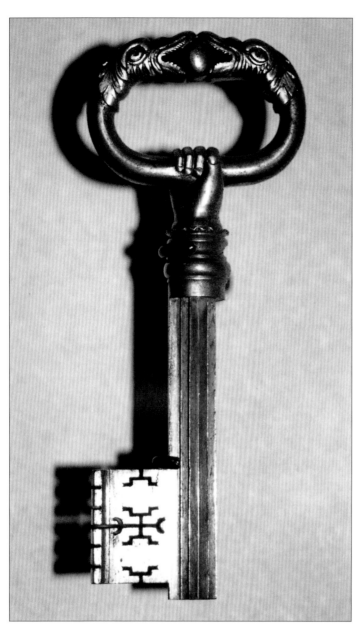

紋章の入った錠前（ジュネーヴ）

1780年頃、スチール／真鍮製、実物大。
豪華に装飾された鍵は研磨されている。
球をくわえた相対するイルカをかたどった
環、環をつかんだ手をデザインしたつば、
細い窓のある鍵の歯、断面が星形の空洞
の軸をもつ。美術・歴史博物館、タヴェル
館（ジュネーヴ／スイス）。

打ちのばしのできる鋳鉄

打ちのばしのできる鋳鉄が鍵の製造工程を一新し、鍵の量産を可能にする（p204）。

鋳鉄はもろいため、加工するには数日間にわたって処置しなければならない。第1段階で80〜100時間、950〜1050°Cに熱するが、この焼きなましの工程は酸素雰囲気のなかで行われ、それに続く冷却の工程で完全にフェライトにするには時間を要する。言うまでもないが、従来の方法と比較し、新しい製造法は生産性を向上させ、コストも安価ですんだ。当然、手づくりの鍵は徐々に姿を消すことになる。

ドイツのフェルバートの溶鉄炉で製造された高品質の鋳鉄製の鍵は模範とされ、国内とヨーロッパの両市場をまたたく間に席巻し、海外にも輸出された。今日、フェルバートは、鍵に特化した国際的な博物館、ドイツ鍵・建具博物館を擁し、その錠前と鍵の豊富なコレクションは広く知られている。

鍵製造のパイオニア

英国と米国で発達した錠前の製造法は高い革新力を誇り、1770〜1851年の期間中、およそ70件が特許を取得した。当時、錠前師と泥棒の間で鍵の選手権大会なるものが開催され、熾烈な一騎打ちを展開する。監視下で実施された本大会の趣旨は、安全性が保証された錠前を鍵なしで開けるというもので、優勝者にはかなりの額にのぼる賞金が支払われた。1778年、英国人ロバート・バロンはふたつの留め金具を備えた鍵を考案し、初の特許を取得した。数年後の1784年、今度はヨークシャー出身のジョセフ・ブラマーがセキュリティの高い新機軸の鍵を発明し、長い間、それをこじ開けることは不可能と見なされた。続いて、英国人ジェレミア・チャブが錠前製造部門のパイオニアとして参戦し、1818年、複数の留め金具（ふたつではなく6つ）を備えた鍵で特許を取得した。もうひとりの天才的錠前師は、ドイツ人のテオドール・クローマーで、1871年に金庫用専門の錠前「プロテクター」で特許を取得。対応する鍵にはふたつの鍵の歯がある。

イェールのシリンダー錠

数々の発明のなかでも、ライナス・イェールのシリンダー錠（1844年に特許取得）に勝るものは

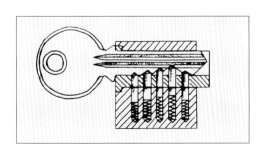

ライナス・イェールのシリンダー錠
1844年。

枝状に鋳造した85本の鍵

19世紀末、鋳鉄製、全長64cm。ドイツ
鍵・建具博物館。

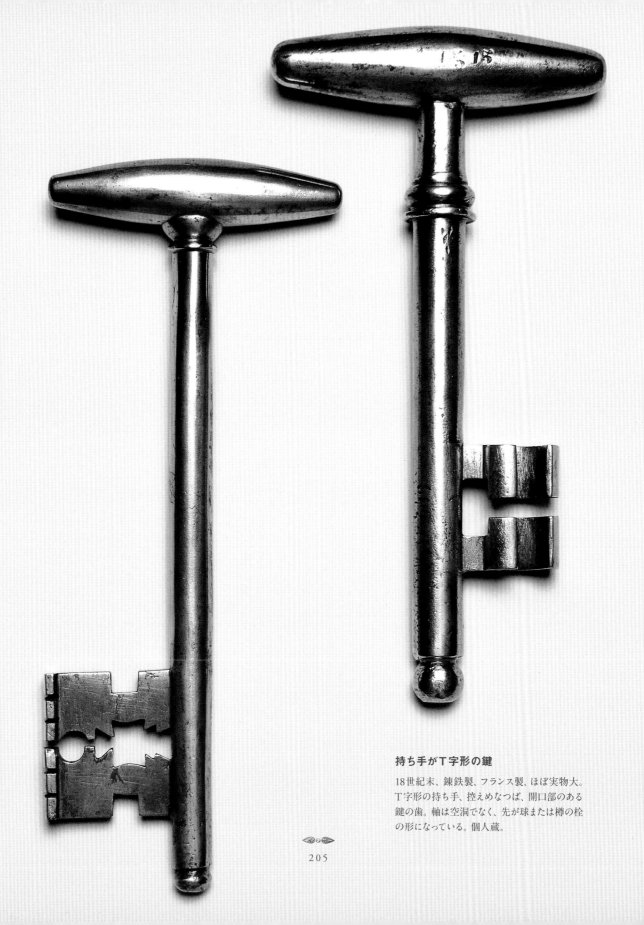

持ち手がＴ字形の鍵

18世紀末、錬鉄製、フランス製、ほぼ実物大。
Ｔ字形の持ち手、控えめなつば、開口部のある
鍵の歯。軸は空洞でなく、先が球または樽の栓
の形になっている。個人蔵。

ない。この米国の発明家は高セキュリティをどこまでも追求した結果、従来とはまったく異なるメカニズムの錠前（p203）を開発する。

シリンダー錠では、施錠のメカニズムとボルトが別々に分かれている。従来型の錠前では鍵がボルトを押すのに対し、シリンダー錠で鍵が作動させるのは回転する円筒で、その円筒がボルトを動かす仕組みになっている。そうすることで、これまでと比較して鍵のサイズが小さく平らになった。別の利点として、製造工程で職人の占める比重が軽減されたことが挙げられる。さらに、とても重要なのは、数多くの鍵のバリエーションが可能になったことだ。

1851年のロンドン万国博覧会で、来場者がこの発明にほとんど注意を払わなかったとは、まったく驚きを禁じえない。1864年になってようやく、息子のライナス・イェール・ジュニアが父の錠前を改善し、シリンダー錠の功績が認められる。イェール親子の小型の鍵は、今日広範に使用されているシリンダー錠の先駆けだ。

歴史主義

18世紀末から19世紀初期のドイツ、スイス、英国では固有の様式が存在しなかったが、過去の形態にさかのぼってそこから着想を得ていた。建築、応用美術、家具や扉の金具類の分野では、ロマネスク、ゴシック、ルネサンス、バロックのスタイルが相次いで継承される。過去のモデルに従って製造された錠前と鍵はオリジナルによく似ているため、収集家は混同しないことが重要だ。

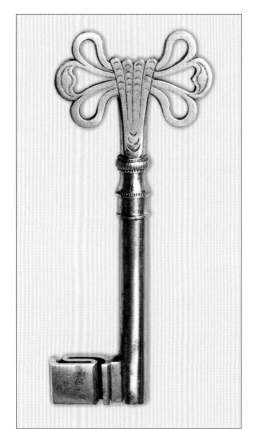

アール・ヌーヴォー
（ベル・エポック）

「アール・ヌーヴォー」と呼ばれる時期はとても短い。この美術運動が登場したのは1890年頃で、その後、1914年の第一次世界大戦の勃発により中断する。非幾何学模様（植物、白鳥、炎、流れるような髪からインスピレーションを得た曲線と渦巻き模様）を特徴とする。今や保管されているこの時期の鍵は希少、左の鍵は典型的なアール・ヌーヴォー様式だ。

**ベル・エポックの
アール・ヌーヴォー様式の
回転させる鍵**

1900年頃、錬鉄製、実物大。花のモチーフをかたどった環、細かな装飾のあるつば、断面がS字形になった鍵の歯、空洞の軸と、極めて希少スタイルの鍵。ハンス・シェル・コレクション。

**32本の鉤形の鍵の束
（泥棒の鍵開けツール）**

18世紀、錬鉄製、最長20cm。
鍵の歯はそれぞれ異なる。錠前
師も強盗も、こうした鉤形の鍵を
使って錠を開けていた。個人蔵。

シリンダー錠

いずれも1980年頃、銅とニッケル、亜鉛の合金製、実物大。
軸の穴の列と溝の違いによって特許は異なる。

現代の鍵

20世紀に入って、鍵の発展は相反するふたつの方向に向かう。

第1のグループは、入り口の扉、部屋や地下室のドア、家具などを開ける時に使うシンプルな鍵。南京錠を開ける小さな鍵もこれに含まれる。これらの鍵はすべて大量生産され、技術的には鍵の歯のシルエットまたは溝によって区別される（p211左上）。もうひとつの大きな特徴は、美的センスに欠けることだ（p210）。

第2のグループは、ライナス・イェールが考案した小さくて平たい鍵、すなわちシリンダー錠の完成を目指す。シリンダー錠の第1世代はぎざぎざの縁と縦に彫られた溝が特徴で、適合する鍵穴でないと差し入れることができない（p210右）。しかし、その後、イェールの鍵にはいくつかの欠点があることがわかってきた。鍵の複製が容易であること、そしてシリンダー（円筒）内のピンが1列だけだと限界があり、可能なバリエーションの数が限られることだ。

そこで、よりセキュリティの高い別のシリンダー錠が開発され、軸のぎざぎざが段状の穴と溝に置き換わる（p208）。この新技術によりピンの列の数を増やすことができ、バリエーションは無限になった（組みあわせは数十億におよぶ）。

この新世代のシリンダー錠は銅と亜鉛、ニッケルの合金でつくられていて、リバーシブルで、裏表の別なく差し入れることができる。もうひとつのメリットは、複数のドアをひとつの鍵で解錠可能なことだ。そのため、シリンダー錠はまたたく間に市場を席巻し、1950年代中頃には、施錠システム業界で売上のトップを占めた。

電子産業革命

1985 〜 1990年、マイクロエレクトロニクスの進歩が鍵と錠前の製造に革命を起こし、電子情報の発展とあわせて機械の精度が飛躍的に向上する。鍵にはそれぞれ固有のコードがあり、錠前は挿入されたすべての鍵について、円筒を回転させられるかどうかを見定める。つま

り、電子ロックが鍵の情報を「読み取る」。例えば、オフィスが閉まったあとに会社の電気技師がコンピューター室に入る、週末に清掃作業員が経理の部屋に入る、あるいは物好きな人が実験室に入るとする。そんな時、その行動は記憶され、何かモノがなくなったりした場合など、即座にその鍵はアクセスがブロックされる。自動的にロックされるこのシステムは鍵の頭についているICチップによるもので、プログラム可能な小半導体集積回路が、接触を通じて錠前との間で情報を伝達する。211ページ右上に掲載したハイテクキーがその例だ。他方、鍵の機械的な動きをつかさどるのが平たい軸で、製造会社によって異なる精緻な溝または段状の穴が彫られている。錠前の電子と機械が許可した場合にのみ、ドアが開く仕組みだ。

シリンダー錠は、現代の施錠システムにおける司令塔の役割を果たす。鍵を挿入すると、ピンの頭が鍵の溝にはまって鍵が持ち上げられたり、押し下げられたりする。溝とピンの長さが合致すれば解錠される仕組みで、通常の鍵の歯に代わって作動するガイドがシリンダーと協働し、鍵、シリンダー、錠前からなる従来の鍵のパーツにプログラム機器が加わり、クライアント（企業、美術館、博物館、病院、行政施設など）の必要に応じ、環境設定を個別に規定することができる（設定は常時カスタマイズ可能）。パリのルーヴル美術館、アムステルダムのオペラハウス（p211下）は、SEAロックシステムを備えている。

ドア、家具、南京錠の鍵

いずれも20世紀、鋳鉄製または合金製。左の写真中、右上の鍵はイェールのシリンダー錠［右は実物大の写真］。縁がぎざぎざで、縦に溝が彫られている。いずれも個人蔵。

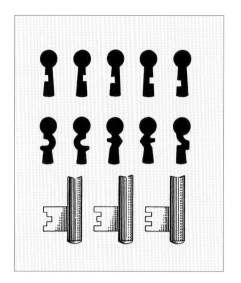

鍵の歯のシルエットと切り込みの例

21世紀前半の鍵。

SEAの施錠システムを構成する3つの要素

プログラムできるチップを搭載したハイテクキー。ロックつきシリンダーとプログラムユニット。いずれもサイズは縮小されている。

アムステルダムのオペラハウス

SEAのロックシステムを備えた建築物のひとつに数えられる。

ÉVOLUTION DES CLEFS DE L'ÉPOQUE ROMAINE À L'ÉPOQUE GOTHIQUE

ローマ時代からゴシック時代にかけての鍵の変遷

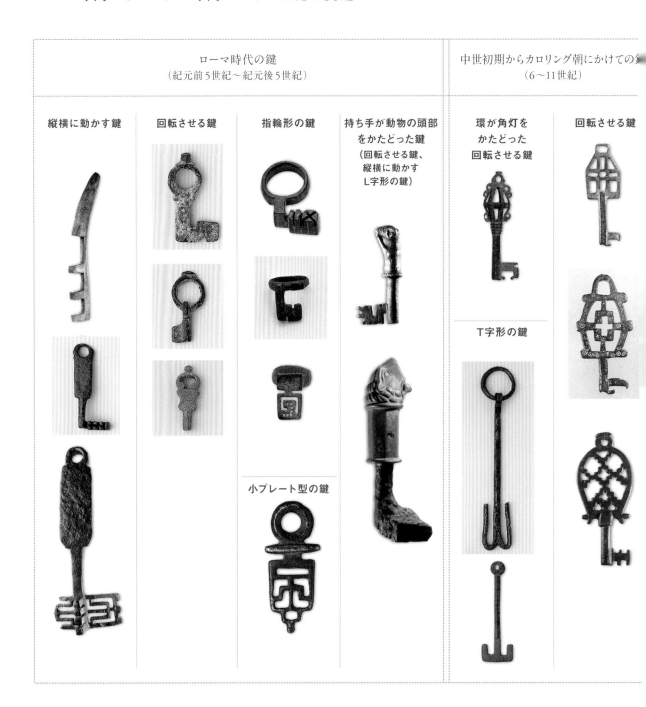

ローマ時代の鍵
（紀元前5世紀～紀元後5世紀）

中世初期からカロリング朝にかけての鍵
（6～11世紀）

縦横に動かす鍵

回転させる鍵

指輪形の鍵

持ち手が動物の頭部
をかたどった鍵
（回転させる鍵、
縦横に動かす
L字形の鍵）

環が角灯を
かたどった
回転させる鍵

回転させる鍵

T字形の鍵

小プレート型の鍵

ヴァイキングの鍵
（9世紀末～11世紀）

回転させる鍵

ロマネスク様式の鍵
（11～13世紀初期）

回転させる鍵

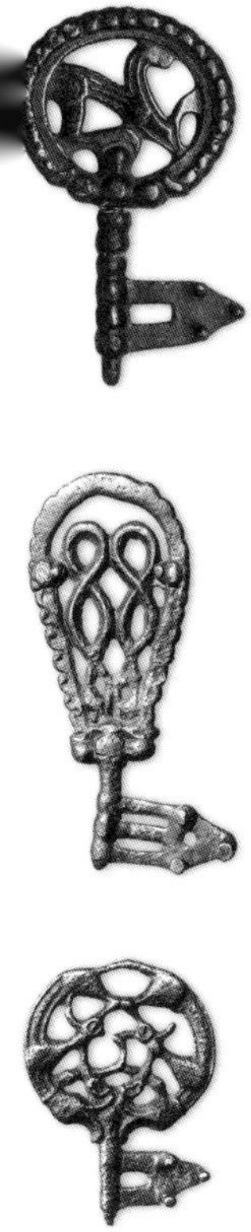

回転させる鍵

回転させる鍵
（つばはなく、
軸は空洞）

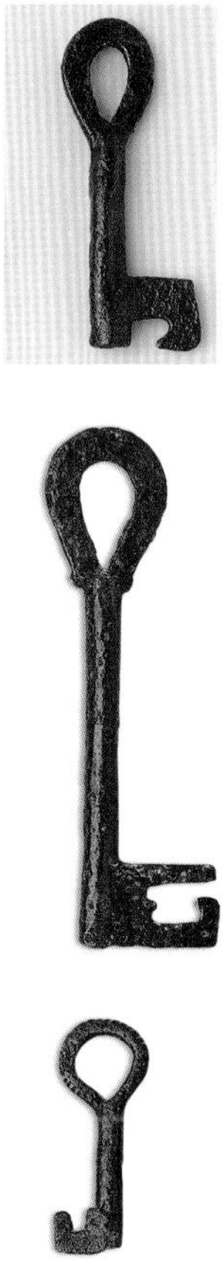

ゴシック様式の鍵
（12世紀中期～16世紀初期）

ゴシック初期
回転させる鍵

回転させる鍵

押し棒式の鍵

Évolution des clefs de la Renaissance au XXᴱ siècle

ルネサンス期から20世紀にかけての鍵の変遷

ルネサンス期の鍵 （15 〜 16世紀）		名匠の鍵 （15世紀末〜 18世紀初期）	教会の鍵		侍従の鍵 （16世紀〜 1918
回転させる鍵	ヴェネチアン・ スタイルの鍵 回転させる鍵	王冠形の鍵 回転させる鍵	回転させる鍵	聖遺物箱の鍵	回転させる鍵

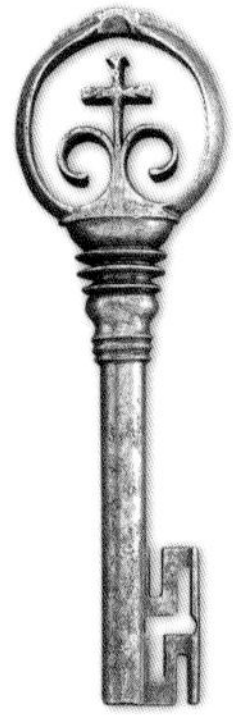

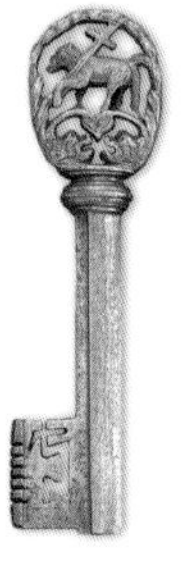

回転させる鍵

名誉としての鍵

214

バロック／ロココ様式の鍵 （17 〜 18 世紀）			英国スタイルの鍵 （17世紀末〜 18世紀初期）	重厚な アイアンチェストの鍵 （17 〜 18 世紀）	18 世紀から 20 世紀の鍵
バロック様式の 回転させる鍵	マスターキー	ロココ様式の 回転させる鍵	回転させる鍵	回転させる鍵	回転させる鍵

小プレート型の鍵

用語集

開口部

18世紀、鍵の歯に空いた開口部はそれぞれ別の名称で呼ばれ、明確に区別されていた。切り込みの形態の違いに応じて、主として「石突き(鍵の歯の根元にある開口部で、軸と歯を分けている)」「糸車(鍵の歯の横の開口部)」「プレート(一般に、付近まで入った深い切り込み)」「水門(現在は一般に鍵の歯に入れたあらゆる切り込みを指すが、もとは鍵の歯の中央または軸付近まで達する十字形の窓を意味した)」「レーキ(それぞれ平行した切り込みが入り、並んだ歯のように見える)」の5種類に分けられる。

ガイド筒

鍵を差し入れる空洞の円筒で、鍵の歯の横断面の形に対応。ガイド筒はフランスの鍵に特徴的で、鍵が回転しやすいように保護する鞘のはたらきを担う。

カエルの脚

17〜18世紀のフランスの鍵によく見られる典型的な環の形態。中央のモチーフ(多くの場合、球)をはさんで左右対称に配した、カエルの脚のように曲がったふたつの部分からなる。

鍵の歯

軸の先に固定された鍵の実働部分で、回転することでボルトとばねを動かす。錠前内のウォード(障害物)に対応する開口部が空いている。

キマイラ

ギリシア神話に登場する想像上の怪物。体の半分が獅子、半分が山羊で、竜の尾をもつ。ルネサンス期の「キマイラ」と呼ばれる鍵は、怪物の体と極端に長い首の頭部で先が飾られている。

空洞になった鍵の軸

軸は、錠前のなかをピンまたは裏蓋に固定されたガイド筒によって導かれる。軸が空洞の鍵は、扉の一方の側でしか使えない。戸棚やサイドボードなどの家具や差し錠に用いられる。

軸

環と歯の間にある鍵の一部を指す。空洞のものと、空洞でないものがある。

蝶番

扉または戸棚の木工部分につける鉄製の板。教会の扉の場合、蝶番は装飾としても重要な役割を果たしていた。

つば

環と軸の間の突起した部分。モールディング、溝彫り、球、イオニア式またはコリント式の柱頭(ルネサンス期)などの形状がある。

鉄に金、銀、銅の象嵌

この装飾は、16世紀の武具や甲冑によく用いられたが、鍵では珍しい。

天の国の鍵

イエスから使徒ペトロに授けられた鍵(新約聖書『マタイによる福音書』第16章18〜19節)。

銅によるロウづけ

可溶性の銅または合金を接合部の金属の間に挿入し、ロウづけしたもの。15世紀以降、軸が空洞の鍵はロウづけするようになった。

ドーム

同心円状の障害物とピンをカバーするドーム形の円筒。鍵の歯がドーム内の障害物を通過することで解錠する。

ボルト

錠前の可動部分で、ボルトの受け座にはさまるようにつくられている。

溝を彫った尖頭アーチ

鍵の軸の横断面が三角形で、脇がいくらかへこんでいる。

めくら窓

14世紀から16世紀中頃まで用いられたテクニックで、透かしの入ったプレートを重ね、名匠の錠前と鍵を装飾した。

両開きの錠

軸は空洞ではなく、通常、鍵の歯より先に突き出ている。内からも外からも同じ鍵で解錠できる。鍵の歯は左右対称。両開きの鍵は、ガイド筒を通って錠前に達する。

環

鍵の持ち手。鍵を錠前に差し込んでも外に出ている。形態と装飾は各時代を反映している。

引用文献

文献の前に付した番号は、本文中の文献番号に対応している。その他の書籍は、テーマに関する詳細な情報を提供する目的で、一般的な参考書として挙げた。

紀元前約2000年

1 - Siegfried Morenz, Anubis mit dem Schlüssel. Wissenschaftliche Zeitschrift der Karl-Marx-Universität Leipzig, 3. Jahrgang 1953/54, Gesellschaftsund Sprachwissenschaftliche Reihe. Volume 1, pages 79-83. Illustration page 127.

2 - Otto Königsberger, Die Konstruktion der ägyptischen Tür. Pages 58-60. J.J. Augustin, Glückstadt 1936.

3 - Extract from Westcar Papyrus. William Kelly Simpson, with translation by R.O. Faulkner, E.F. Wente Jr., W.K. Simpson. The Literature of Ancient Egypt. Pages 29/30. Yale University Press, New Haven and London 1972.

4 - ハワード・カーター『ツタンカーメン発掘記（ちくま学芸文庫）』酒井伝六・熊田亨訳、2001年、筑摩書房

古代ギリシアの鍵

Paulys Realencyclopädie der classischen Altertumswissenschaften, Series 2, Volume 3. Pages 565-568. Alfred Druckenmüller, Stuttgart 1921.

5 - ホメロス『オデュッセイア（岩波文庫）』松平千秋 訳、1994年、岩波書店

6 - ホメロス『オデュッセイア（岩波文庫）』松平千秋 訳、1994年、岩波書店

7 - Hermann Diels, Antike Technik, page 43. B.G. Teubner, Leipzig and Berlin 1914.

8 - ホメロス『オデュッセイア（岩波文庫）』松平千秋 訳、1994年、岩波書店

9 - エウリピデス『トロイアの女たち』山形治江 訳、2012年、論創社

10 - Charles Waldstein, The Argive Heraeum, volume II, plate 133, No. 2722 and No. 2715. The Riverside Press, Cambridge 1905.

11 - Charles Waldstein, The Argive Heraeum, volume II, page 191.

12 -『ギリシア喜劇全集3　アリストパネース3』「テスモポリア祭を営む女たち」荒井直訳、2009年、岩波書店

13 - Heinrich Schliemann, Mykenae, page 83, illustration 120. F.A. Brockhaus, Leipzig 1878.

14 - Emil Kunze and Hans Schleif, Olympische Forschungen, volume I, page 166, Eisengerät. Walter de Gruyter & Co. Berlin 1944.

15 - David M. Robinson, Excavations at Olynthus, Partie 10. Pages 507-509. The Johns Hopkins Press, Baltimore Md. 1941.

16 - Maccius Plaute, Mostellaria. IIe act, scène I.

湖上住居の鍵

17 - Emil Vogt, Die ältesten Schlüssel. Pages 142 ff. Germania 15, 1931.

18 - René Wyss, Bronzezeitliches Metallhandwerk. Page 3. Paul Haupt, Berne 1967.

19 - Josef Speck, Schloss und Schlüssel zur späten Pfahlbauzeit. Pages 230-241. Extract from «Helvetia Archaeologica 12», 1981, n° 45/48. Schwabe & Co AG, Basel.

ケルトの鍵

Barry Cunliffe, The Celtic World. The Bodley Head Ltd., London 1979.
Hermann Müller-Karpe, Beiträge zur Chronologie der Urnenfelderzeit nördlich und südlich der Alpen. Römisch-Germanische Forschung, volume 22, plat 100, illustration 2. Walter de Gruyter & Co, Berlin 1959.
Hayno Pallua, Die vorgeschichtlichen Funde vom Putzer-Gschleier in St. Pauls-Eppan (Südtirol). Pages 129-132. Dissertation 1970.
Andreas Furger and Felix Müller, Gold der Helvetier. Swiss National Museum, Zurich. Editions EIDOLON 1991.

20 - Johann Nothdurfter, Die Eisenfunde von Sanzeno im Nonsberg. Pages 71-72. Philipp von Zabern, Mainz am Rhein 1979.

21 - Gerhard Jacobi, Werkzeug und Gerät aus dem Oppidum von Manching. Volume 5. Franz Steiner GmbH, Wiesbaden 1974.

ローマ時代の鍵

Max Martin, Römermuseum und Römerhaus Augst. Augster Museumshefte 4, Römermuseum Augst/ CH 1981.
Annemarie Kaufmann-Heinimann, Die römischen Bronzen der Schweiz. I Augst. Pages 132-145. Philipp von Zabern, Mainz am Rhein 1977.
Jürg Ewald, Alex R. Furger, Silvia Huck, Jahresberichte aus Augst und Kaiseraugst 11, off-print, Römermuseum Augst/ CH.

22 - Karl Christ, Die Römer. Pages 10-16. C. H. Beck, Munich 1979.

23 - Robert Forrer, Urgeschichte des Europäers. Pages 414-415. W. Spemann, Stuttgart 1908.

24 - Maccius Plaute, Mostellaria. Act II, Scene 1.

25 - Maccius Plaute, Amphitryon. Act II, Scene 2.

26 - Albert Neuburger, Die Technik des Altertums. Page 342. R. Voigtländers, Leipzig 1920.

27 - Heinrich Honseil, Römisches Recht. Page 167, Ehescheidung (divortium), Editions Springer, Berlin/New York 1997.
28 - Emilie Riha, Der römische Schmuck aus Augst und Kaiseraugst. Pages 39-41, plates 9, 10, 11 and 81, Forschungen in Augst, volume 10, Augst/CH, August 1990.

パレスチナの鍵

イガエル・ヤディン『バル・コホバ　第二ユダヤ叛乱の伝説的英雄の発掘』小川英雄訳、1979年、山本書店
Yigael Yadin, Final Report: The Finds from the BarKokhba Period in the Cave of Letters. Jerusalem 1963.

中世初期からカロリング朝にかけての鍵

Hugh Honour, John Fleming, Weltgeschichte der Kunst. Prestel, Munich 1983.
ジーナ・ピスケル『世界大美術史』1979年、講談社
29 - Folia Archaeologica XXXIV. Pages 158-166. Budapest 1983.
30 - Elisabeth Heinsius, Neue Schlüsselfunde von Haithabu. Page 136. Berliner Blätter für Vor- und Frühgeschichte, Berlin 1967/1972.
31 - Catherine Vaudour, Keys and locks. Pages 18-19. Catalogue of Musée le Secq des Tournelles, Musée des Beaux-Arts de Rouen, 1980.
32 - Catherine Vaudour, Keys and locks. Pages 18-19.
33 - Wolfgang Braunfels, Hermann Schnitzler, Karolingische Kunst. Volume III, pages 189-202. L. Schwann, Düsseldorf 1966.
34 - Catherine Vaudour, Keys and locks. Page 18.

ヴァイキングの鍵

James Graham-Campbell, The Viking World. Frances Lincoln, London 1981.
Bertil Almgren, Bronsnychlar och Djurornamentik, Appelbergs Boktryckeri AG, Uppsala 1955.
35 - Elisabeth Heinsius, Neue Schlüsselfunde von Haithabu. Pages 133-135. Berliner Blätter für Vorund Frühgeschichte, Berlin 1967/1972.

ロマネスク様式の鍵

Hugh Honour, John Fleming, Weltgeschichte der Kunst. Prestel, Munich 1983.
ジーナ・ピスケル『世界大美術史』1979年、講談社
Gustav Künstler, Romanische Kunst im Abendland, Anton Schroll & Co, Vienna and Munich.
36 - Catherine Vaudour, Keys and locks. Page 24. Catalogue of Musée le Secq des Tournelles, Musée des Beaux-Arts de Rouen, 1980.
37 - M.-L. Boscardin, W. Meyer, Burgenforschung in Graubünden. Pages 107, 108 and 143. Editions Walter, Olten and Freiburg im Breisgau.

ゴシック様式の鍵

Hugh Honour, John Fleming, Weltgeschichte der Kunst. Prestel, Munich 1983.
ジーナ・ピスケル『世界大美術史』1979年、講談社
38 - Catherine Vaudour, Keys and locks. Page 30. Catalogue of Musée le Secq des Tournelles, Musée des Beaux-Arts de Rouen, 1980.
39 - Sigrid Canz, Schlüssel - Schlösser und Beschläge. Page 15. Wolfgang Schwarze, Wuppertal 1977.
40 - Sigrid Canz, Schlüssel-Schlösser und Beschläge. Page 17. Wolfgang Schwarze, Wuppertal 1977.

ルネサンス期の鍵

Wilfried Koch, Kleine Stilkunde der Baukunst. Mosaik, Munich 1985.
ジョン・R・ヘイル『ライフ人間世界史　ルネサンス』タイムライフブックス編集部編、1973年、タイムライフブックス
ジーナ・ピスケル『世界大美術史』1979年、講談社
41 - Robert Ducher, Charactéristique des styles. Page 108. Flammarion, Paris 1944.
42 - Robert Ducher, Charactéristique des styles. Page 117. Flammarion, Paris 1944.

名匠の鍵

43 - Catherine Vaudour, Keys and locks. Page 49. Catalogue of Musée le Secq des Tournelles, Musée des Beaux-Arts de Rouen, 1980.

教会の鍵

La Bible de Jérusalem, les Editions du Cerf, Paris, 1998.
Lexikon der christlichen Ikonographie. Volume 4, pages 82-86. Herder, Freiburg im Breisgau 1972.
Joseph Wilpert, Walter N. Schuhmacher, Die römischen Mosaiken der Kirchlichen Bauten vom IVXIII Jh. Herder, Freiburg im Breisgau 1919/1976.
44 - "Ornamenta Ecclesia" exhibition catalogue. Pages 154 and 158. Cologne 1985.
45 - Bruno Bernard Heim, Coutumes et Droit Héraldiques de l'Eglise. Pages 66-69. Beauchesne, Paris 1949.

侍従の鍵

46 - Wilhelm Pickl von Witkenberg,

Kämmerer-Almanach. Historischer Rückblick auf die Entwicklung der Kämmerer-Würde. Page 14 ff. Vienna, vers 1900.

47 - Johann Georg Krünitz, Ökonomische Encyklopädie oder allgemeines System der Staats-, Stadt-, Haus- und Landwirtschaft. Volume 33, pages 14 ff. Berlin 1785.

48 - Dale Brown, Velázquez und seine Zeit. Pages 117 and 141. Time-Life International, Amsterdam 1982.

49 - Brockhaus' Konversations-Lexicon. Volume 10, page 74. Berlin/ Vienna 1894.

50 - Bildführer, Weltliche und Geistliche Schatzkammer. Pages 45/46. Editions Residenz, Salzburg/ Vienna 1991.

バロック／ロココ様式の鍵

Hugh Honour, John Fleming, Weltgeschichte der Kunst. Prestel, Munich 1983.

Yves Bottine, Die Kunst des Barock. Herder, Freiburg im Breisgau 1986.

H.D. Molesworth, John Kenworthy-Browne, Meisterwerk der Möbelkunst aus drei Jahrhunderten. Schuler, Munich 1972.

Wilfried Koch, Kleine Stilkunde der Baukunst. Pages 49-57. Mosaik, Munich 1985.

51 - Robert Ducher, Charactéristique des styles. Pages 128 and 146. Flammarion, Paris 1944.

52 - Robert Ducher, Charactéristique des styles. Pages 162, 148 and 160. Flammarion, Paris 1944.

ふたつの機能を果たす鍵

53 - Cornelia Will, Schlüssel. Catalogue/ inventory No. 4, Chapter 20. Deutsches

Schloss- und Beschlägemuseum, Velbert 1990.

54 - Cornelia Will, Schlüssel. Catalogue/ inventory No. 4, Chapter 20. Deutsches Schloss- und Beschlägemuseum, Velbert 1990.

18世紀から20世紀の鍵

Manfred Boetzkes, Kurzführer des Deutschen Schlossund Beschlägemuseums Velbert. Rheinland, Cologne 1982.

また、本文中、以下の書籍を一部引用または参照した。
『聖書　和英対照』新共同訳、1997年、日本聖書教会
ホメロス『オデュッセイア』（岩波文庫）松平千秋 訳、1994年、岩波書店
エウリピデス『トロイアの女たち』山形治江訳、2012年、論創社

世界の博物館

とりわけ、鍵と錠前のすばらしいコレクションを有している博物館には名称の前に「＊」をつけた。

アメリカ

アメリカ錠前博物館（テリービル）
The Lock Museum of America

オレンジ郡錠前博物館（ヒルズ・ブロス）
Lock Museum of Orange County

＊クーパー・ヒューイット国立デザイン博物館（ニューヨーク）
The Cooper-Hewitt National Design Museum

錠前＆アイアンチェスト、シュラーゲ社ワーデン・グローヴ・コレクション（サンフランシスコ）
Lock & Iron chest, Wardn Grove Collection de la Maison Schlage

ジョン・M・モスマン鍵・錠前コレクション（ニューヨーク）
John M. Mossman Collection of Locks and Keys

ボストン美術館（ボストン）
Museum of Fine Arts

メトロポリタン美術館（ニューヨーク）
The Metropolitan Museum of Art

イギリス

アイアンブリッジ峡谷博物館（テルフォード、シュロップシャー）
Ironbridge George Museum

＊ヴィクトリア・アンド・アルバート博物館（ロンドン）
Victoria and Albert Museum

科学博物館（ロンドン）
Science Museum

錠前博物館（ウィレンホール）
The Lock Museuml.

＊大英博物館（ロンドン）
British Museum

ドーヴァー城博物館（ドーヴァー）
Museum of Dover Castle

ヨーク城博物館（ヨーク）
York Castle Museum

*ロンドン博物館(ロンドン)
Museum of London

イスラエル
イスラエル博物館(エルサレム)
The Israel Museum

イタリア
イタリア国立考古学博物館(エステ)
Museo Nazionale Atestino

ベッルーノ市立美術館(ベッルーノ)
Museo Civico di Belluno

産業美術館(ローマ)
Museo Artistico Industriale

バルジェロ美術館(フィレンツェ)
Museo Nazionale del Bargello

ミラノ市立自然史博物館(ミラノ)
Museo Civico di Storia Naturale

国立科学技術博物館(ミラノ)
National Museum of Science & technology

オーストリア
ザルツブルグ博物館(旧カロリノ・アウグステウム美術館、ザルツブルク)
Carolino Augusteum, Salzburger Museum für Kunst und Kulturgeschichte

チロル州立博物館(インスブルック)
Tiroler Landesmuseum Ferdinandeum

*ハンス・シェル・コレクション (グラーツ)
Hanns Schell Collection

美術史博物館(ウィーン)
Kunsthistorisches Museum

オランダ
アムステルダム国立美術館(アムステルダム)
Rijksmuseum

プリンセスホフ博物館(レーワルデン)
Pricessehof Museum

ブレンナート・コレクション、ドイトマン・ハウス(ヘンゲロ)
Brenneraedts Collection, Duitman House

リップス・ハウス・コレクション (ドルトレヒト)
Lips House Collection

ギリシア
テッサロニキ考古学美術館(テッサロニキ)
Thessalonican Archaeological Museum

スイス
*ヴヴェイ歴史博物館(ヴヴェイ)
Musée historique de Vevey

州立歴史博物館(シオン)
Musée cantonal d'histoire

スイス国立博物館(チューリッヒ)
Swiss National Museum

*バーゼル歴史博物館(バーゼル)
Historisches Museum

*美術・歴史博物館、タヴェル館(ジュネーヴ)
Musées d'art et d'histoire, Maison Tavel

ベルン歴史博物館(ベルン)
Musée d'histoire de Berne

ローマ博物館(アウグスト)
Römermuseum

スウェーデン
カルマル郡博物館(カルマル)
Kalmar Läns Museet

北方博物館(ストックホルム)
Nordiska Museet

スウェーデン国立歴史博物館(ストックホルム)
Statens Historika Museet

スペイン
教区美術考古学館(ビック)
Episcopal Artistic Archaeological Museum

フレデリック・マレス美術館(バルセロナ)
Museu Frederic Mares

デンマーク
デンマーク国立博物館(コペンハーゲン)
National Museum

ドイツ
ゲルマン国立博物館(ニュルンベルク)
Germanisches Nationalmuseum

先史時代博物館(ミュンヘン)
Prähistorische Staatssammlung

*ドイツ鍵・建具博物館(フェルバート)
Deutsches Schloss-und Beschlägemuseum

ドイツ博物館(ミュンヘン)
Deutsches Museum

ドレスデン国立美術館、武具コレクション(ドレスデン)
Staatliche Kunstsammlung

*バイエルン国立博物館(ミュンヘン)
The Bavarian National Museum

ベルリン美術館、エジプト美術館(ベルリン)
Staatliche Museen zu Berlin, Aegyptisches Museum

フランス
ヴィミュー産業博物館(フリヴィル＝エスカルボタン)
Musée des Industries du Vimeu

カルヴェ美術館(アヴィニョン)
Musée Calvet

クリュニー美術館(パリ)
Musée de Cluny

装飾美術館(ストラスブール)
Musée des Arts Décoratifs

装飾美術館(パリ)
Musée des Arts Décoratifs

*装飾美術館(ボルドー)
Musée des Arts Décoratifs

地方美術・歴史博物館(モルサイム)
Musée de l'Art local et historique

ドーフィネ博物館(グルノーブル)
Musée dauphinois

*ブリカール錠前博物館(パリ)
Musée Bricard

*ル・セック・デ・トゥルネル博物館(ルーアン)
Musée le Secq des Tournelles

ロラン歴史博物館(ナンシー)
Musée historique lorrain

ベルギー
ヴレースハウス博物館(アントワープ)
Vleeshuis Museum

*鍵・錠前博物館(コクセッドーオーストダインケルケ)
Keys and Locks Museum

グルートゥーズ博物館(ブルージュ)
Gruuthusemuseum

ベルギー王立美術館(ブリュッセル)
Art and History Museums

ロシア
*エルミタージュ美術館(サンクトペテルブルク)
Hermitage Museum

謝辞

エリザベッタ・バッジョ
イタリア国立考古学博物館館長

P. M. バルディ
サンパウロ美術館館長

シグリッド・カンツ博士

ルドルフ・フェルマン教授
元ベルン大学先史学・原史学研究所

ブルーノ B. ハイム大司教
教会法博士

カール・クローマー教授
インスブルック大学原始・古代史学院

ブライアン・ロフトハウス
建築家、イングリッシュ・ヘリテッジ（英国歴史
建造物＆モニュメント委員会）

エウジェニオ・マンツァート教授
ベッルーノ市立美術館館長

P. メッツラー神父
バチカン使徒文書

サミュエル・ルティスハウザー博士
元ベルン大学歴史研究所

モニク・セルネール＝ホフステッタ
ヴヴェイ歴史博物館司書

ジョゼフ・スペック博士
地質学者

バート・スピルカー
博士、医師

エリザベト・シュテーリン博士
元バーゼル大学エジプト学研究室

ロルフ・シュトゥッキ教授
元バーゼル大学考古学研究室

カトリーヌ・ヴォドゥール
元ル・セック・デ・トゥルネル博物館司書、
ルーアン美術館

ジュリア・ヴォコトプロス
テッサロニキ考古学美術館館長

マルクス・ヴェフラー教授
ベルン大学近東考古学・古代東方文献学研究所

コルネリア・ウィル
ドイツ鍵・建具博物館司書

ウルリヒ・モルゲンロト博士
ドイツ鍵・建具博物館司書

サザビーズ

ティモシー・ウィルソン＆カトリーヌ・イースト
大英博物館司書

ルネ・ヴィース博士
先史学者、スイス国立博物館

イガエル・ヤディン
ヘブライ大学考古学教授

リーゼロッテ・ツェンマー＝ブランク教授
チロル州立博物館

オズワルド・ザーンド

（敬称略）

寄贈者一覧

フランコ・ベルナスコーニ、メンドリージオ／
スイス

アンドレア・ブラウン、バレルナ／スイス

ベルンハルト・フィッシャー、ブルック／スイス

ハンズ・ピーター＆テレーズ・ガルトマン、ウ
スター／スイス

マックス＆ゲルトルート・グリビ＝ホルスト、
リース／スイス

カール＝ヘルムホルト・ホフマン、アヴェー
ニョ／スイス

アンドレアス＆レジーナ・アンドレア・イェッ
ギ、ジュネーヴ／スイス

アレッサンドロ・ライム、バレルナ／スイス

ゲオルグ・ラウエ美術収集室、ミュンヘン／ド
イツ

ミシェル・リベレク、ローザンヌ／スイス

マルタン・メッセーリ、ケールサンツ／スイス

SEA開閉システム株式会社、ツォリコフェン
／スイス

スイス・セキュリタス・グループ、ツォリコフェン
／スイス

（敬称略）

参考文献

1924 D'Allemange Henry René, Ferronnerie ancienne. Catalogue du Musée le Secq des Tournelles, Paris/FR
1966 Prochnow Dieter, Schönheit von Schloss, Schlüssel, Beschlag. A. Henn Verlag, Ratingen bei Düsseldorf/DE
1968 D'Allemange Henry René, Decorative Antique Ironwork (with plates from the 1924 French catalogue of the Le Secq des Tournelles Museum of Rouen/FR). Dover Publications, Inc., New York/USA
1973 Pankofer Heinrich, Schlüssel und Schloss. Verlag Georg D.W. Callwey, München/DE
1974 Monk Eric, Keys -Their history & Collection. Shire Publications Ltd., Aylesbury, Bucks/GB
1974 Jacobi Gerhard, Werkzeug und Gerät aus dem Oppidum von Manching. Volume 5. Franz Steiner GMbH, Wiesbaden/DE
1977 Canz Sigrid, Schlüssel - Schlösser und Beschläge. Dr Wolfgang Schwarze Verlag, Wuppertal/DE
1978 Curtil-Boyer Charles, L'Histoire de la Clef. Éditions Vilo, Paris/FR
1979 Nothdurfter Johann, Die Eisenfunde von Sanzeno im Nonsberg. Philipp von Zabern, Mainz am Rhein/DE
1980 Vaudour Catherine, Clefs et Serrures. Catalogue du Musée le Secq des Tournelles/FR, Fascicule II
1987 Quinto Urbano, Cosa valgono chiavi antiche, Editore Gianni Fovana, Omegna/IT
1988 Brunner Jean-Josef, Der Schlüssel im Wandel der Zeit. Verlag Paul Haupt, Bern/CH und Stuttgart/D
1988 Will Cornelia, Schlösser. Deutsches Schloss- und Beschlägemuseum, Velbert/DE
1990 Will Cornelia, Schlüssel. Deutsches Schloss- und Beschlägemuseum, Velbert/DE
1991 Bachmann Christian, La sécurité. Cerberus SA, Männedorf/CH
1992 Mandel Gabriele, Clefs. Ars Mundi/FR
1992 Ricci Franco Maria, Clavis. Franco Maria Ricci, Milano/IT
1993 Borali Roberto, Le antiche chiavi, Burgo Editore, Bergamo/IT
1995 Hoffmann Barbara, Mende Jan, Schloss und Schlüssel. Stadtmuseum Berlin, Berlin/DE
1996 Raffaelli Umberto, Oltre la porta. Castello del Buonconsiglio, Monumenti e collezioni provinciali, Gabriele Weber, Trento/IT
1997 Campbell Marian, Decorative Ironwork. V & A Publications, London/GB
1998 Declercq Raf, Lem Jacques, Vanloocke Danny, Open of Dicht. Klüber Lubrication Benelux, Dottenijs/BE
1999 Lecoq Raymond, Fer forgé et Serrurerie. Jean-Cyrille Godefroy, Paris/FR
2000 Feldmann Marc, Des Clefs et des Hommes. Éditions Charles Massin, Paris Cedex/FR
2005 Pall Martina, Prunkstücke - Schlüssel, Schlösser, Kästchen und Beschläge aus der Hanns Schell Collection, Graz/AT

著者
ジャン＝ヨーゼフ・ブルンナー

西洋鍵のコレクター。アンティークの鍵に魅せられ、収集をはじめる。4年の調査期間を経て本書を執筆すると、長年、待ち望まれた鍵に関する参考書として評価を得た。貴重なコレクションの一部、ケルトおよびローマの鍵は、スイスのヴヴェイ歴史博物館に寄贈され、現在、当館の所蔵する鍵とともに一般公開されている。

せいよう　かぎ
西洋の鍵
せんねん　れきし　　　　　　　　　　　　　きのう
4千年の歴史にみるすぐれた機能とデザイン

2023 年 10 月 25 日　　初版第 1 刷発行
著者　　　　　　　　　ジャン＝ヨーゼフ・ブルンナー（© Jean-Josef Brunner）

発行者　　　　　　　　西川正伸
発行所　　　　　　　　株式会社 グラフィック社
　　　　　　　　　　　〒102-0073 東京都千代田区九段北 1-14-17
　　　　　　　　　　　Phone：03-3263-4318　　Fax：03-3263-5297
　　　　　　　　　　　http://www.graphicsha.co.jp
　　　　　　　　　　　振替：00130-6-114345

制作スタッフ
翻訳　　　　　　　　　いぶき けい
カバーデザイン　　　　原条令子（原条令子デザイン室）
組版　　　　　　　　　石岡真一
編集　　　　　　　　　鶴留聖代
制作・進行　　　　　　本木貴子（グラフィック社）

印刷・製本　　　　　　図書印刷株式会社

Les clefs

© Éditions H. Vial

Traduction de l'allemand vers le français :
Ruth Thomas, Berlin/DE
Traduction du français vers l'anglais :
Promolang, Toulouse/FR
Maquette et mise en page : Corinne
Minne

This Japanese edition was produced and
published in Japan in 2023
by Graphic-sha Publishing Co., Ltd.
1-14-17 Kudankita, Chiyodaku,
Tokyo 102-0073, Japan

Japanese translation © 2023 Graphic-sha
Publishing Co., Ltd.

ISBN 978-4-7661-3804-7 C0076
Printed in Japan